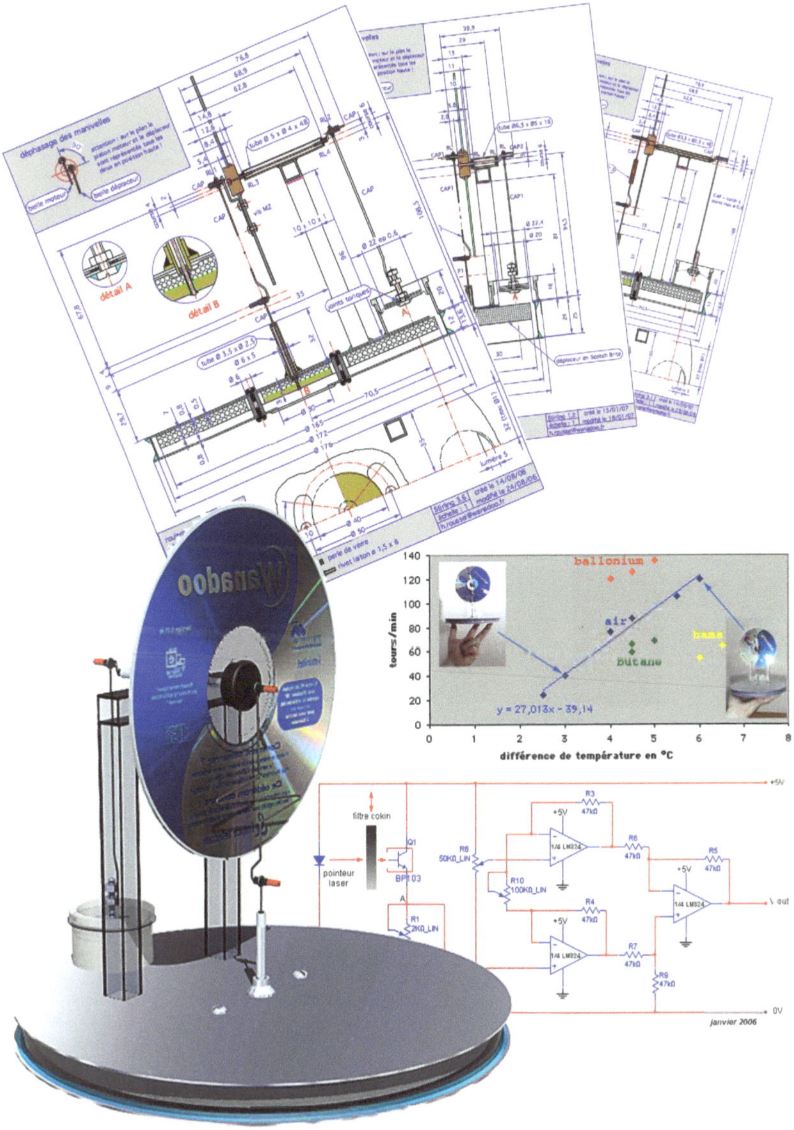

détail A
détail B
déphasage des manivelles
ballonium
air
butane
tours/min
y = 27,013x - 39,14
différence de température en °C
filtre cokin
pointeur laser
BP103
1/4 LM324
+5V
0V
janvier 2006

Sommaire

Présentation

Ce manuel va vous permettre de fabriquer facilement, en utilisant des constituants courants, plusieurs types de  moteur Stirling de type LTD (Low Temperature Differential), c'est à dire fonctionnant à faible différence de température. Ces moteurs, également appelés moteurs à air chaud, sont capables de tourner à la chaleur de votre main ou bien simplement exposés au soleil.

Une dizaine de moteurs sont décrits ici, du plus simple au plus performant, produisant ou non de l'électricité et de la lumière. Les moteurs de la série « 1 » sont les plus simples a réaliser. Vous pouvez commencer par le moteur 1.0 qui constituera une base à partir de laquelle vous pourrez évoluer vers les modèles 1.1 et 1.2. De même pour les moteurs de la série « 3 », du 3.1 fonctionnant avec une différence de température de quelques degrés, jusqu'au 3.8 dépassant les 1500 tr/m sur de l'eau bouillante.

Préambule

cylindre moteur

tube reliant les deux cylindres

cylindre principal contenant le déplaceur

source de chaleur

Il y a deux siècles (1816), un pasteur écossais, nommé Robert Stirling, déposait le brevet de son moteur à air chaud.

Détrôné par la machine à vapeur, et les moteurs à combustion interne, il n'eut pas le succès escompté, malgré un bon rendement et la faculté d'utiliser n'importe quel type de carburant.

La plus étonnante des caractéristiques des moteurs Stirling est de pouvoir fonctionner à partir de sources d'énergie considérées comme inexploitables : par exemple les sources thermales qui, bien qu'apportant plusieurs dizaines de milliers de Kcal par heure des profondeurs de la terre, sont parfaitement incapables de faire cuire un oeuf à la coque ou un bol de riz...

Et bien, le moteur Stirling peut, sans problème, extraire l'énergie contenue dans un peu d'eau chaude, comme le montre les moteurs décrits plus loin.
Ce qu'il y a d'étonnant aussi c'est que ces moteurs sont constitués d'éléments tellement courants qu'ils auraient pu être construits dès l'antiquité (en cuivre, verre, résine).

Stirling version 1.0
moteur simplifié

Ce premier modèle, posé sur une de tasse d'eau bouillante (attention, ça brûle!) et refroidi par un cube de glace, peut tourner pendant environ 35 minutes. Sa vitesse de rotation varie de 170 t/min, peu après sa mise en route, jusqu'à 25 t/min en fin de fonctionnement. La différence de température entre la face chaude et la face froide est alors d'environ 22°C.

La puissance mécanique développée est très faible, juste suffisante pour compenser les pertes par frottements. Des mesures pratiquées par différentes méthodes, permettent d'estimer à 1 mW la puissance excédentaire fournie par ce dispositif. En admettant que l'on convertisse cette énergie mécanique en énergie électrique, avec un rendement proche de 1, et que l'on puisse la stocker sans perte pendant 1 mois, on pourrait alors alimenter une ampoule électrique basse consommation de 20W pendant 2 minutes... Ou encore, monter un poids d'1 kgf à 240 m de haut, si mes calculs sont bons...

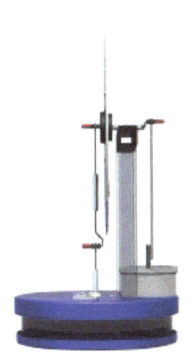

vue de droite

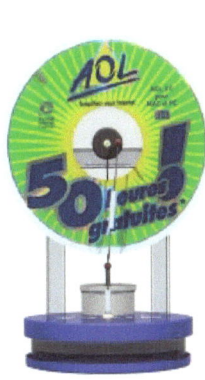

vue de face

Matériaux : essentiellement de récupération
- les plateaux supérieurs et inférieurs viennent d'une boîte en aluminium d'un produit cosmétique connu
- les flancs transparents sont issus d'une bouteilles de soda de 1,5 l dont on aura prélevé une rondelle de 24 mm de haut
- le déplaceur : morceau de dalle pour plafond en polystyrène expansé (environ 10 mm d'épaisseur)
- le cylindre moteur : emballage de pellicule 24 x 36 (translucide)
- le piston moteur : un morceau de gant jetable en vinyle
- le portique : profilé plastique 10 x10 x 1 ou bois
- les bielles, axes, vilebrequin : corde à piano Ø 0,8
- les palier, glissière et coulisseau de réglage : tube laiton Ø int 2,5
- divers : visserie, rondelles, perles de verre Ø ext env. 2,3 - Ø int env. 0,9 // colles cyanoacrylate & thermique, mastic silicone
- et pour le volant d'inertie : un vieux CD

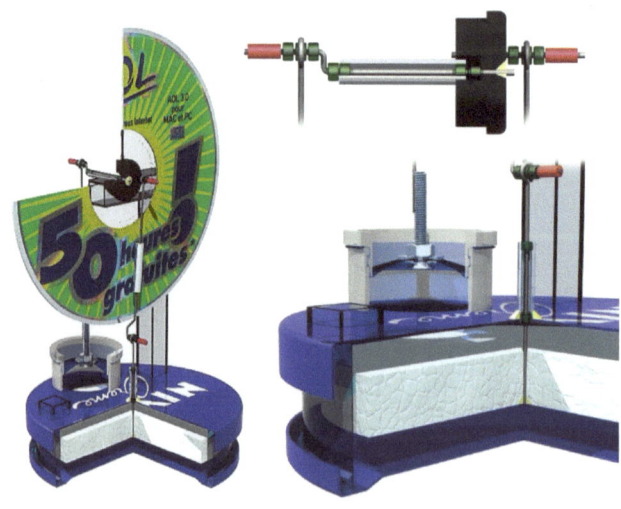

Fabrication

- pour construire ce moteur, vous pouvez vous inspirer de la méthode décrite à la page du moteur 3.1
- le montage ne pose aucun problème particulier, et les dimensions données n'ont rien de critique
- il est conseillé de bien soigner l'étanchéité pour que ce modèle fonctionne avec de faibles différences de température, et de bien lubrifier les paliers et les guidages avec une huile fluide (éventuellement à base de Téflon) ; l'huile a une triple fonction : diminuer les frottements, assurer l'étanchéité, et empêcher la corrosion des pièces soumises à la condensation.

tête de bielle / piston

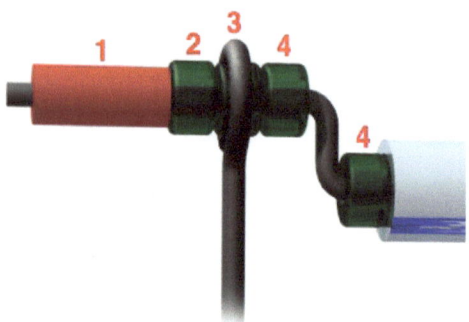

1 gaine de câble électrique
2 perle libre
3 perle collée dans la tête de bielle
4 perles collées sur la manivelle

bielle-manivelle / piston

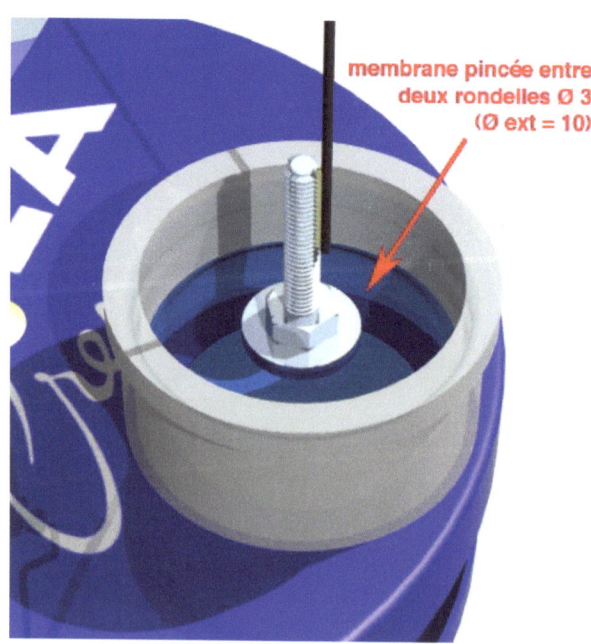

membrane pincée entre
deux rondelles Ø 3
(Ø ext = 10)

piston moteur

perles collées
par une goutte
de cyanoacrylate

glissière / déplaceur

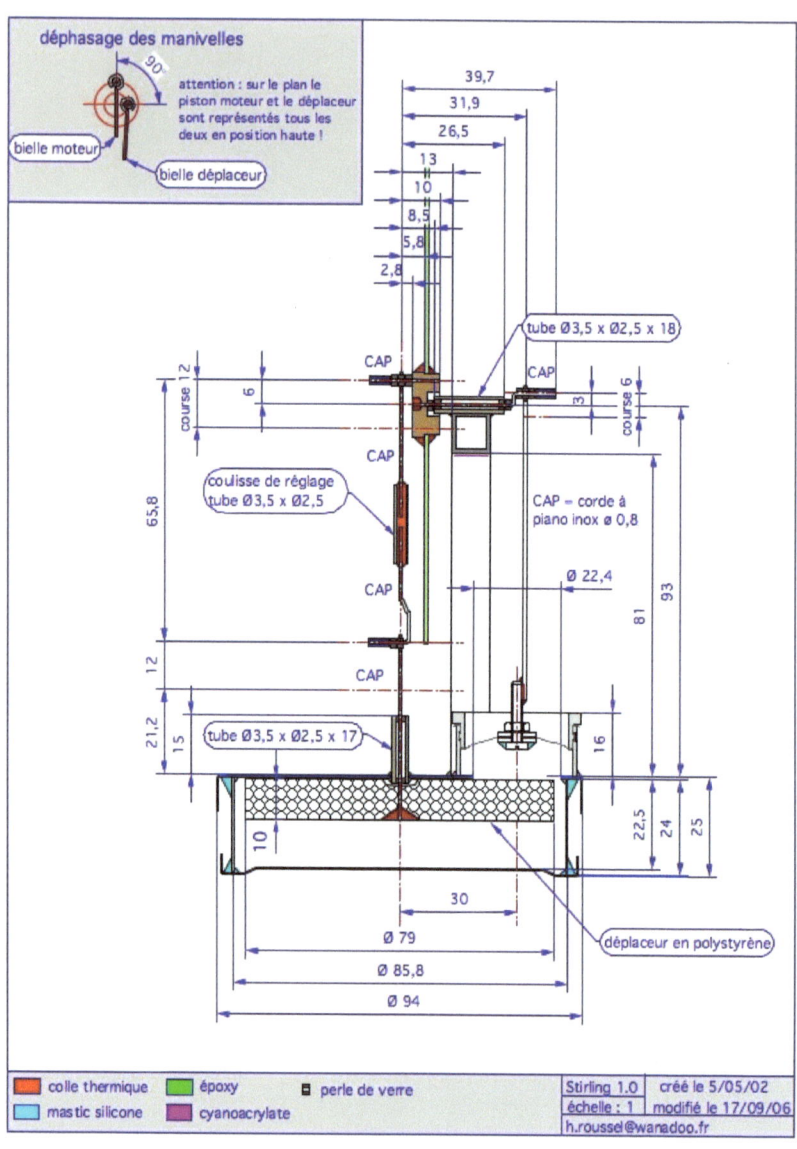

déphasage des manivelles

90°

attention : sur le plan le piston moteur et le déplaceur sont représentés tous les deux en position haute !

bielle moteur

bielle déplaceur

tube Ø3,5 x Ø2,5 x 18

CAP

CAP

CAP

coulisse de réglage tube Ø3,5 x Ø2,5

CAP = corde à piano inox ø 0,8

CAP

Ø 22,4

CAP

tube Ø3,5 x Ø2,5 x 17

déplaceur en polystyrène

Ø 79

Ø 85,8

Ø 94

colle thermique   époxy   ◼ perle de verre

mastic silicone   cyanoacrylate

Stirling 1.0 | créé le 5/05/02
échelle : 1 | modifié le 17/09/06
h.roussel@wanadoo.fr

plan du moteur Stirling 1.0

Stirling version 1.1
moteur amélioré

écrous de réglage

déplaceur-régénérateur en scotch brite

Améliorations par rapport à la version 1.0

1 - légère augmentation de la cylindrée obtenue en remplaçant la partie inférieure (emboutie) du boîtier d'origine par un disque plat en aluminium ep 0,5

2 - remplacement du déplaceur en polystyrène expansé par un déplaceur-régénérateur en Scotch Brite d'épaisseur 11 mm et utilisation d'un coulisseau en corde à piano inox. Ce déplaceur, comme le précédent, est simplement collé à la colle thermique qui, dans ce cas, résiste bien au fonctionnement répété du moteur sur une tasse d'eau bouillante - inconvénients : la tendance qu'a le Scotch Brite à s'effilocher légèrement après quelques heures de fonctionnement à "haute vitesse" - pour y remédier, on prendra la précaution d'enduire la périphérie d'une légère couche de colle Néoprène transparente *(les quelques fibres qui se détachent des faces supérieures et inférieures ne semblent pas être très gênantes - peut-être jouent-elles le rôle de ressorts ?)*

3 - augmentation du diamètre des rondelles du piston moteur qui passe à 20 mm, et emploi d'une membrane thermoformée - *(éventuellement interposition d'un joint torique d'étanchéité entre les deux rondelles)*

4 - adoption d'un système de réglage en longueur sur la bielle du piston moteur : cet accouplement par deux écrous soudés à l'étain permet d'équilibrer la course de la bielle par rapport au débattement de la membrane *(le débattement de la membrane doit être > de 2 mm à celui de la bielle moteur)*

5 - résultats : un gain en performances assez sensible, puisque la durée de fonctionnement passe de 35 min à 2 h 1/2 sur une tasse d'eau bouillante et à plus de 14 heures sur une bouteille Thermos de 0,85 litres - la vitesse de rotation maxi passe de 170 t/min à 540 t/min - le gradient de température minimal descend de 22°C à environ 10°C - la puissance mécanique développée passe d'1 mW à environ 7 mW !

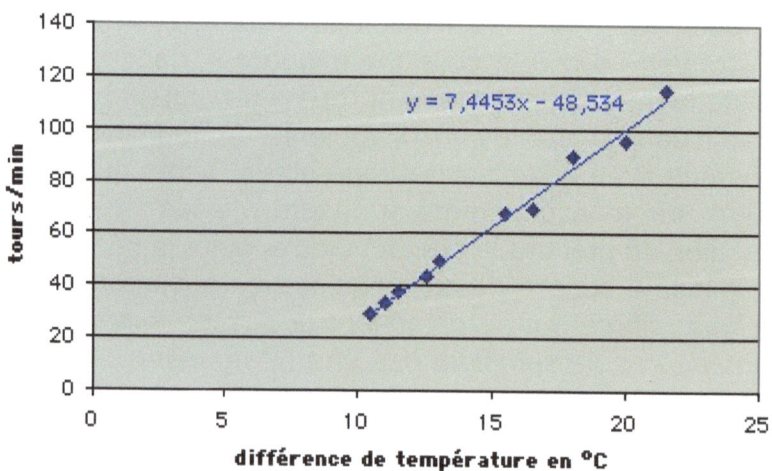

courbe vitesse de rotation / température

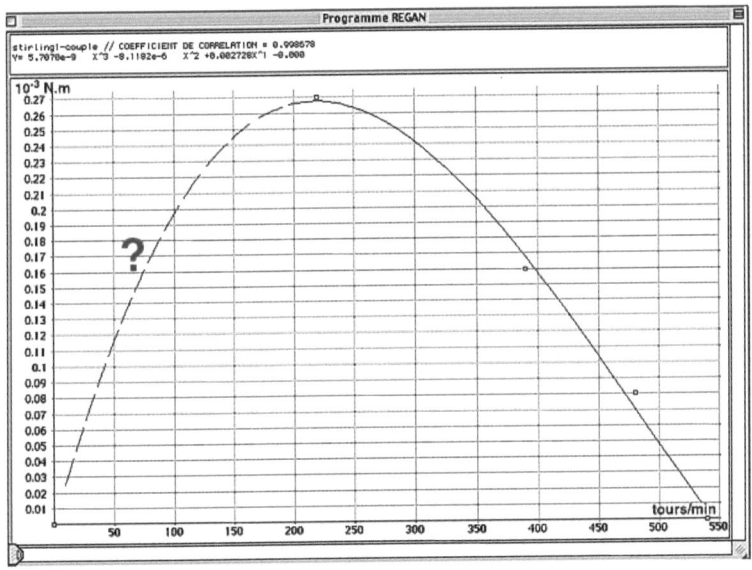

courbe couple / vitesse de rotation

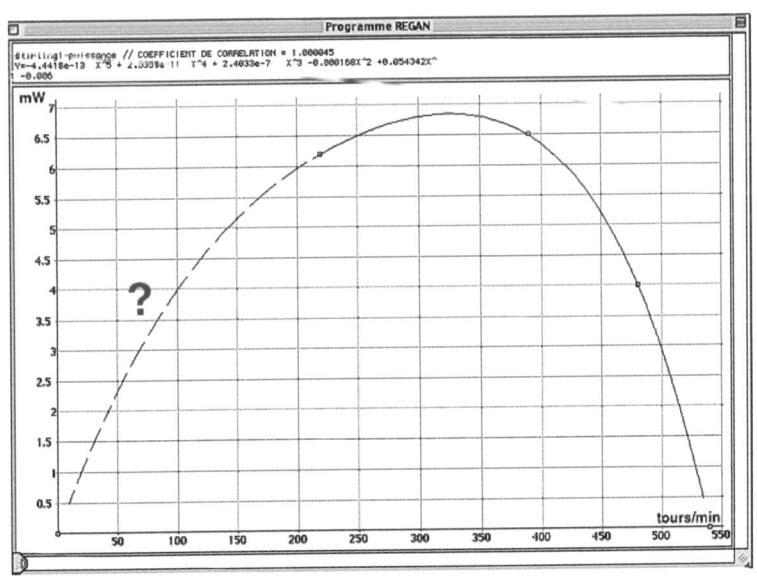

courbe puissance / vitesse de rotation

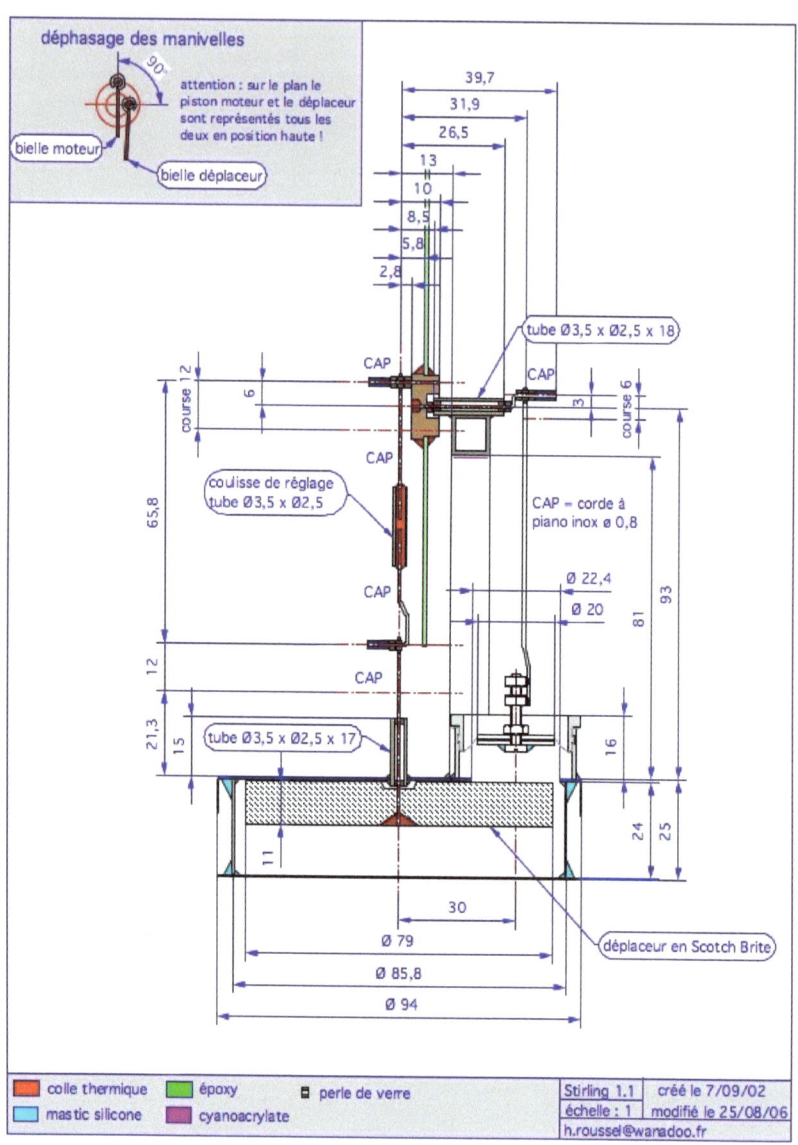

plan du moteur Stirling 1.1

Stirling version 1.2

moteur générateur de courant
- ou comment produire de l'électricité et de la lumière à
partir d'une tasse d'eau chaude -

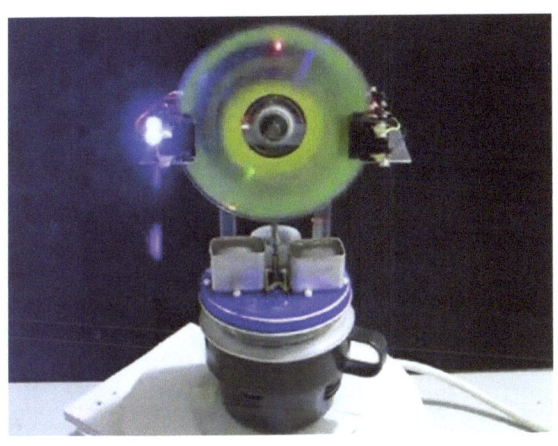

Modifications apportées à la version 1.1

les principaux changements consistent en l'utilisation de roulements à billes miniatures montés sur un axe en corde à piano Ø 1,5 mm, la fixation de 4 aimants permanents à la périphérie du volant, le montage de 4 bobines destinées à alimenter en énergie électrique 2 LED à faible courant.

Fournitures à prévoir :
- 4 roulements (à collerette) Ø 1.5 x Ø 5 (x Ø 6,5)
- 4 aimants cubiques de 5 mm au Néodyme
- 4 bobines à air provenant de relais 12 V pour automobiles dont on aura retiré le noyau (fil de cuivre émaillé Ø 0.2 mm, L=27 mH, R =74 ohms)
- 2 LED à faible courant 2 mA

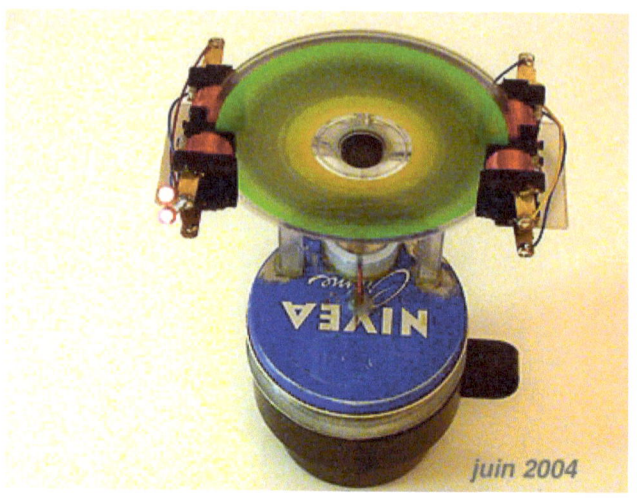

moteur en rotation, les 4 bobines sont montées en série
afin d'obtenir une tension aussi élevée que possible

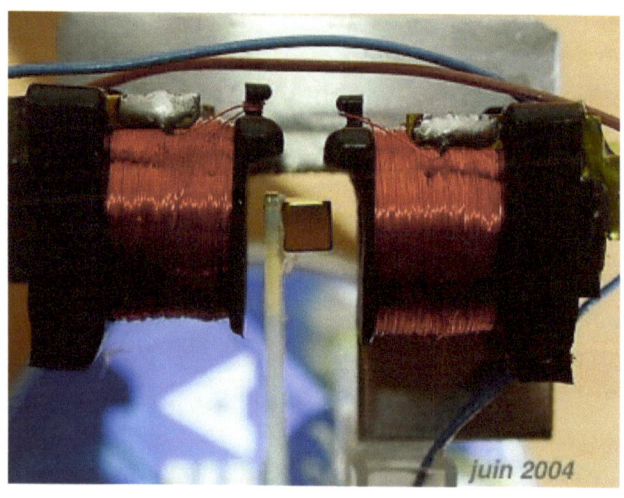

gros plan sur un aimant au moment où il passe entre les
bobines

Principe

Le principe est celui de la "dynamo" de vélo, qui porte mal son nom, puisqu'il s'agit en fait d'un petit alternateur : chaque fois que l'un des aimants s'approche des bobines, il y génère une force électromotrice - lorsque l'aimant s'éloigne, il crée une force électromotrice de sens inverse - (voir aussi la version 3.7)

L'adaptation a été assez facile à réaliser sur ce modèle, car il combine à la fois une puissance et une vitesse de rotation suffisantes pour alimenter une ou deux LED : 15 mW à environ 500 t/min sur une tasse d'eau bouillante - (puissance mécanique convertie à laquelle il faut retrancher les pertes dues aux frottements - diagramme p,V plus bas). Pour utiliser les deux alternances du courant, les LED sont montées tête-bêche : l'une s'allume quand la tension est positive et l'autre quand elle devient

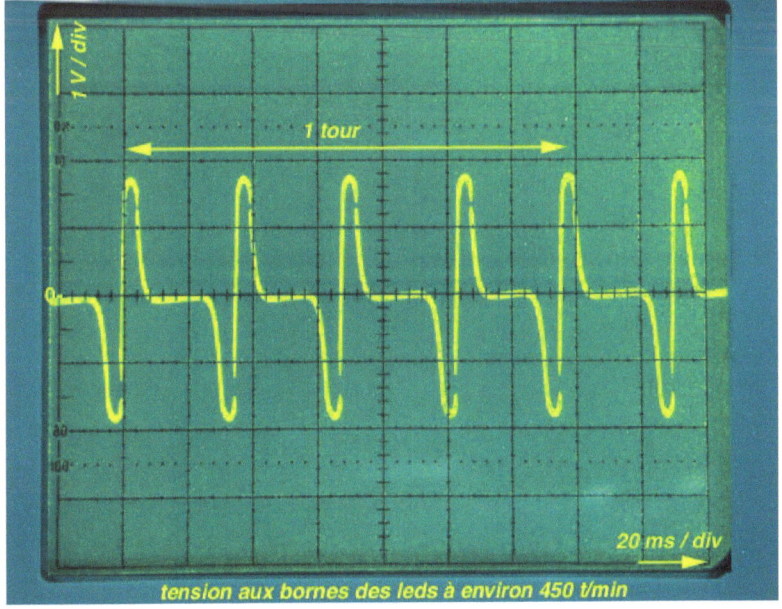

tension aux bornes des leds à environ 450 t/min

négative, la persistance rétinienne faisant le reste... En pratique les LED commencent à rayonner à partir de 250 t/min, soit une vitesse linéaire de 1.5 m/s, et produisent le maximum de lumière un peu au-delà de 500 t/min. Sur une tasse d'eau chaude, elles brillent durant une trentaine de minutes.

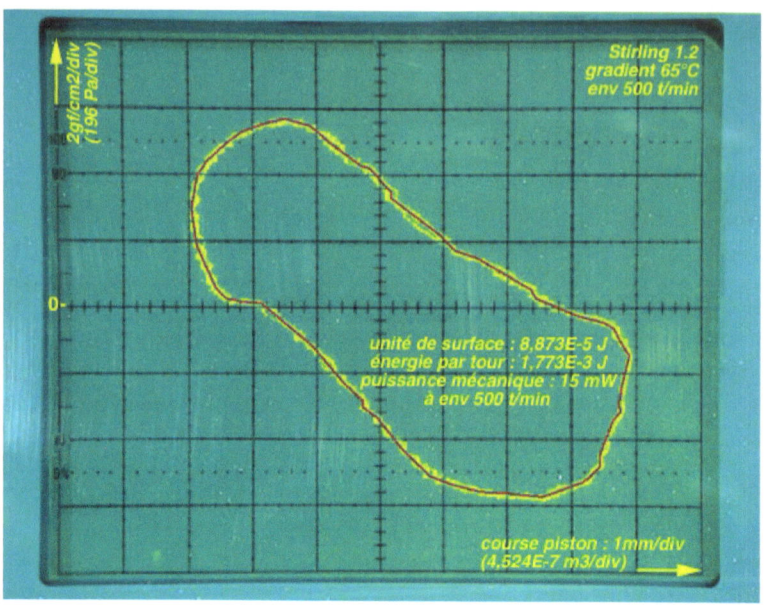

tracé du diagramme (p,V)

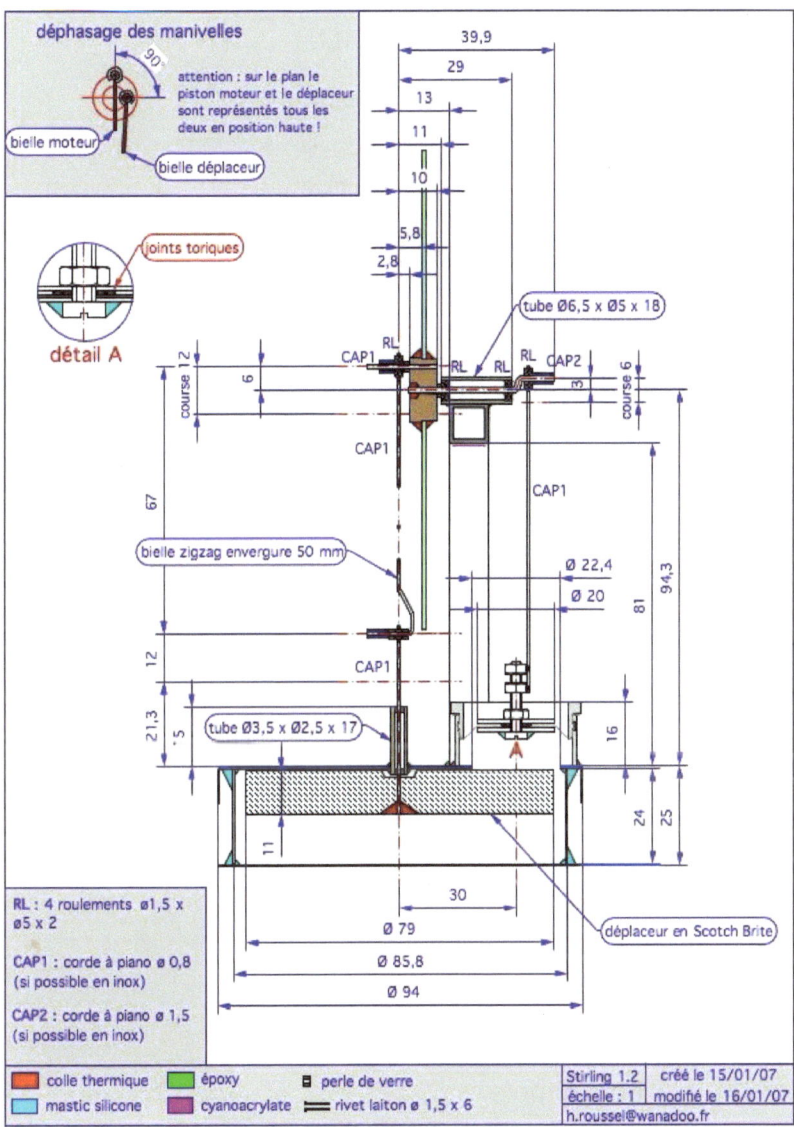

plan du moteur Stirling 1.2

Stirling version 3.1

moteur solaire

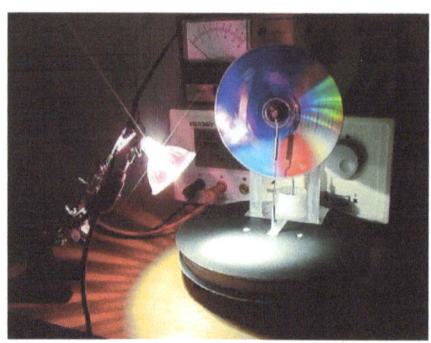

De même conception ultra simple que le précédent, ce moteur Stirling, grâce à son diamètre de cylindre plus important, peut tourner facilement à partir de sources de chaleur modérées comme par exemple celle de la main, ou celle produite par le rayonnement d'une petite lampe halogène, ou encore sous le rayonnement solaire.

Sur l'image au dessus, on le voit tourner éclairé par une lampe halogène de 50W (12V) à environ 60 t/min. Pour cela, le moteur est équipé d'un capteur solaire très rudimentaire, constitué d'une simple feuille d'aluminium d'épaisseur 0,6 mm, découpée à la forme et peinte en noir mat.

Sur l'image de droite, en plein soleil (55.000 lux), équipé du même capteur, il tourne à 85 t/min - (dans les même

conditions d'éclairement, une version plus récente tourne à présent à 170 t/min et en produisant de l'électricité...)
Bien que sa fabrication ne pose pas de problèmes particuliers, elle demande tout de même un peu plus de précision que pour le modèle précédent, en particulier pour tout ce qui concerne la géométrie (parallélisme, perpendicularité, etc.). S'il s'agit de votre première réalisation, je vous conseille plutôt de commencer par vous faire la main sur le modèle 1.0

Matériaux

- cylindre : fonds en tôle d'aluminium ep 0,8, flanc en Rhodoïd ep 0,5
- entretoises : tige cylindrique Ø 6 en matière plastique, Nylon ou Delrin (marque sous laquelle DuPont commercialise de la résine acétale)
- déplaceur (le piston à l'intérieur du cylindre) : morceau de dalle pour plafond en polystyrène expansé (env. 9 mm d'épaisseur), contreplaqué ep 3
- cylindre moteur : emballage de pellicule 24 x 36 (translucide)
- membrane du piston moteur : morceau de gant jetable en vinyle (éventuellement thermoformé en demi-tore)
- portique : profilé plastique 10 x10 x 1
- bielles, axes, vilebrequin : corde à piano Ø 0,8
- palier, glissière et coulisse de réglage : tube laiton Ø int 2,5
- divers : visserie, rondelles, perles de verre Ø ext env. 2,3 - Ø int env. 0,9... colle cyanoacrylate, colle thermique, colle Néoprène, mastic silicone
- volant d'inertie : un CD bien coloré, c'est plus joli...

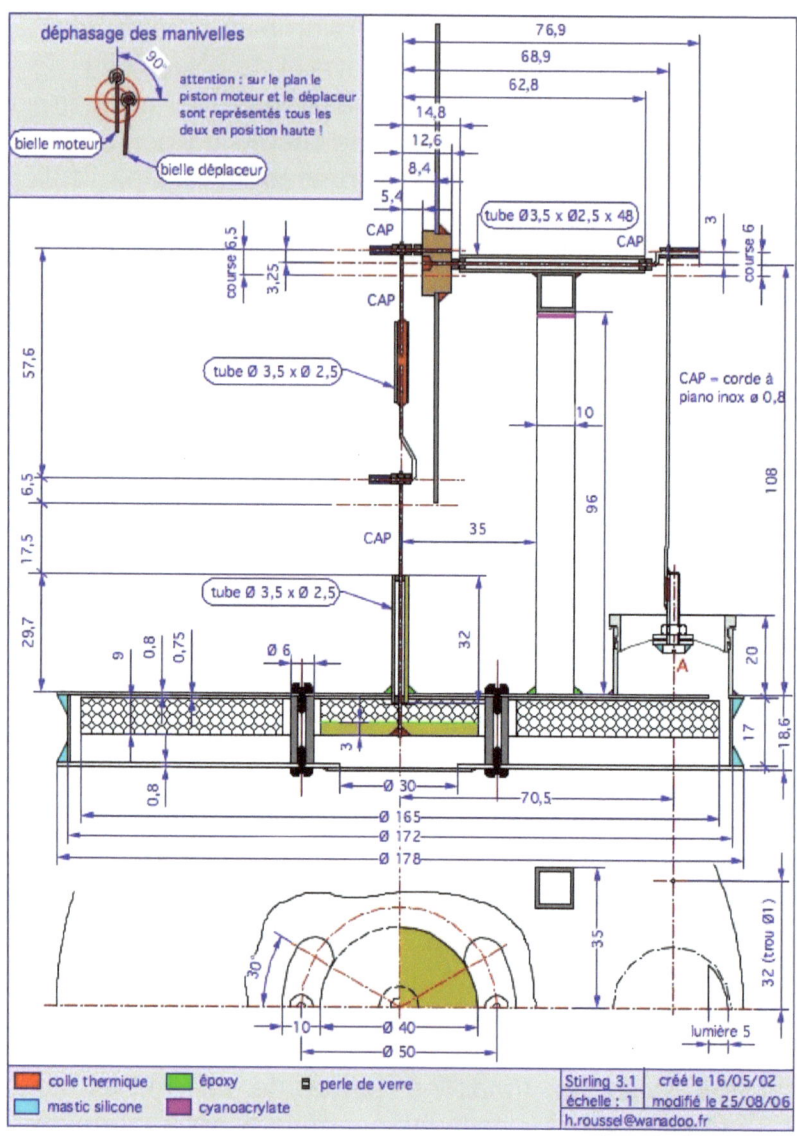

plan du moteur Stirling 3.1

Construction de la structure principale

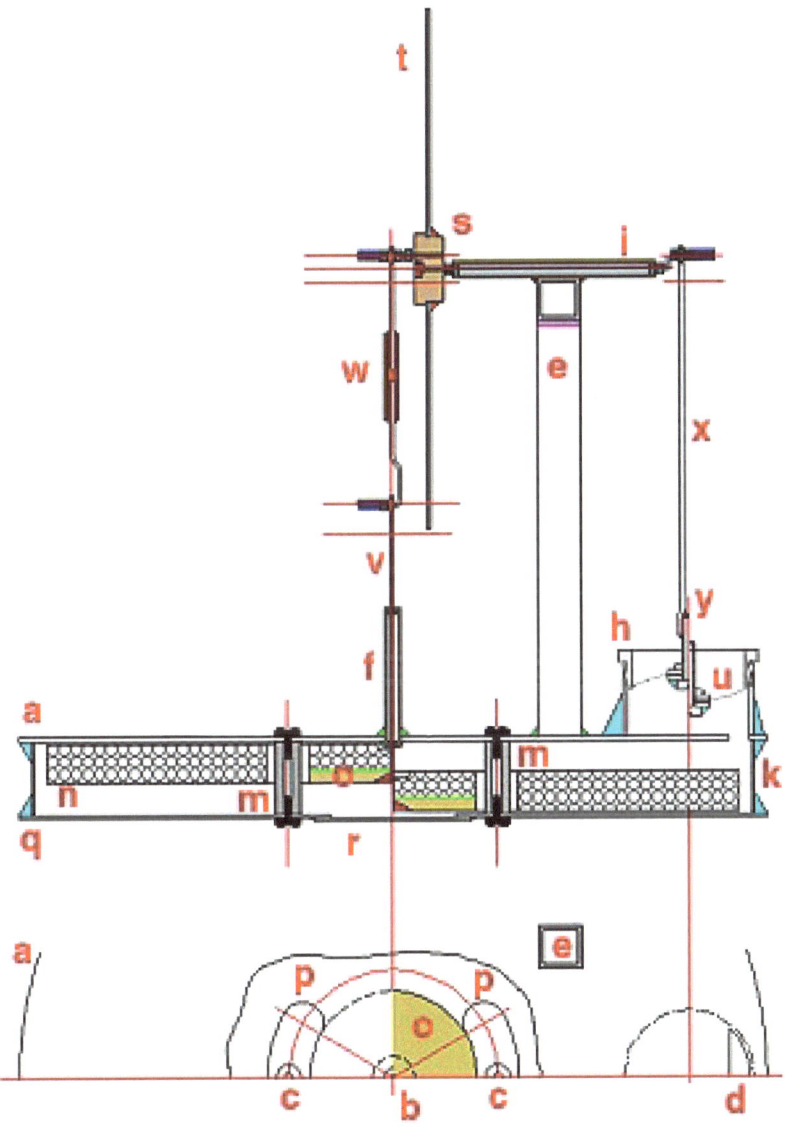

1 - sur une feuille d'aluminium d'épaisseur 0,8 mm, commencez par tracer le contour du plateau supérieur (a). Puis tracez un axe central (b), et à partir de là, les axes des trous de fixation des entretoises (c), le contour du cylindre moteur et sa découpe en demi-lune (d), et enfin la position des pieds du portique (e).

2 - à l'aide d'une cisaille découpez le contour du plateau, puis percez tous les trous. La demi-lune pourra être facilement découpée avec une fraise scie de quelques mm de Ø (modélisme), sinon, percez plusieurs trous tangents, que vous ouvrirez avec une petite lime ou une petite fraise cylindrique.

3 - dans du tube laiton de Ø 2,5 mm intérieur, coupez un morceau de 32 mm (f).

4 - avec une goutte de colle Cyanoacrylate collez à chaque extrémité une perle de verre, qui sera choisie présentant un jeu de 0,1 mm maximum par rapport au diamètre de la corde à piano Ø 0,8 mm.

5 - collez à l'époxy le tube ainsi préparé au centre du plateau, en vérifiant qu'il est parfaitement perpendiculaire.

6 - après avoir coupé, à 20 mm en partant du haut du bouchon, un emballage de pellicule 24 x 36 (h), le coller en place sur le plateau, soit avec du mastic au silicone appliqué assez largement, soit, ce qui est mieux, avec de la colle cyanoacrylate "Super Plastic" de Loctite qui semble adhérer assez bien sur le polypropylène (à condition, toutefois, de le dépolir à la toile abrasive)

7 - découpez les éléments du portique (e) dans un profilé plastique de 10 x 10 x 1, et assemblez les à plat à la colle cyanoacrylate. Puis quelques minutes plus tard, lorsqu'il est suffisamment rigide, le coller en place sur le plateau avec de la colle époxy, en contrôlant l'équerrage.

8 - coupez un morceau de 48 mm dans du tube laiton de Ø 2,5 mm intérieur (i).

9 - avec une goutte de colle Cyanoacrylate collez à chaque extrémité une perle de verre, sélectionnée pour présenter un jeu de 0,1 mm maxi par rapport au diamètre de la corde à piano (Ø 0,8 mm).

10 - collez à la colle thermique le tube ainsi préparé au centre de la potence, en vérifiant qu'il est bien centré, bien horizontal et correctement aligné.

11 - tracez puis découpez dans une feuille de Rhodoïd ep 0,5 mm, une bande de 17 mm de large par 560 mm de long (k). Raccordez les deux extrémités avec du mastic silicone en les faisant se chevaucher de 20 mm. Laissez polymériser plusieurs heures en maintenant le joint serré par une pince à linge

12 - une fois le joint solidifié collez la bande en place sous le plateau, à l'aide d'un cordon continu de mastic silicone lissé avec le doigt mouillé (ou la classique tranche de pomme de terre !...)

Fabrication du déplaceur

1 - dans un morceau de dalle pour plafond en polystyrène expansé de 9 mm d'épaisseur découpez avec un fil chaud un disque de Ø 165 mm (n)

2 - dans du contreplaqué ep 3 mm, découpez un disque de Ø 40 mm (o).

3 - évidez l'emplacement correspondant dans une des faces du disque de polystyrène, et dans l'autre, faire un petit creux cylindrique pour laisser la place à l'extrémité du tube de guidage (Ø 5 mm x 3 mm par exemple).

4 - collez en place le disque de contreplaqué avec de la colle époxy

5 - découpez à chaud (par exemple avec le nez d'un pistolet à colle thermique) les deux lumières (p)

permettant le passage des entretoises, en vous guidant sur le bord du disque en contreplaqué.

Fabrication du plateau inférieur

Tracez et découpez dans une feuille d'aluminium ep 0,8 mm le fond du cylindre (q), sans oublier la petite trappe de visite (r) qui vous permettra d'intervenir par la suite sur la fixation du coulisseau (et éventuellement son remplacement)

Fabrication du volant d'inertie

Rien de particulier à signaler, sinon qu'il faut trouver ou fabriquer une pièce en plastique (s) rentrant sans jeu dans le CD (t), et la coller à la colle thermique. Percez ensuite un trou de 1 mm bien au centre, et un deuxième, à 3,25 mm du premier, destiné à recevoir l'axe où viendra s'accrocher la bielle du déplaceur.

Fabrication des axes, bielles et coulisseau

Rien de particulier non plus, sinon que ces éléments sont façonnés à partir de corde à piano Ø 0,8 mm qu'il conviendra éventuellement de redresser, si, comme moi, vous l'avez achetée conditionnée en rouleau.

Fabrication de la membrane

Dans un premier temps, elle sera simplement découpée dans la partie la plus fine d'un gant jetable en vinyle (u) , et pincée entre deux rondelles Ø 16 mm par un petit boulon de Ø 3 mm. Plus tard, si vous voulez améliorer un peu le rendement de votre moteur, vous pourrez assez simplement réaliser une membrane thermoformée (voir FAQ) qui aura un peu l'allure de deux demi-tores concentriques.

Assemblage du coulisseau et du déplaceur

(pour vous faciliter le futur équilibrage, vous pouvez, avant de les assembler, peser l'ensemble coulisseau/déplaceur sur un pèse-lettre mécanique, ou mieux digital, donnant le 1/10 de g − notez le poids de l'ensemble, et pendant que vous y êtes pesez aussi la membrane avec sa vis et les rondelles)

Déposez (important) une couche d'huile fine sur toute la longueur du coulisseau (v), sauf sur le dernier centimètre qui est destiné à être collé dans le disque en contreplaqué (o). Introduire le coulisseau dans la glissière (f) depuis l'extérieur de façon à ce qu'il dépasse d'environ 2 cm dans le cylindre, puis enfoncez le déplaceur sur le coulisseau jusqu'à ce qu'il vienne en appui sur le fond. Reculez un peu le coulisseau pour qu'il affleure la face supérieure du déplaceur. Centrez bien les entretoises au centre des lumières, et orientez la bille de

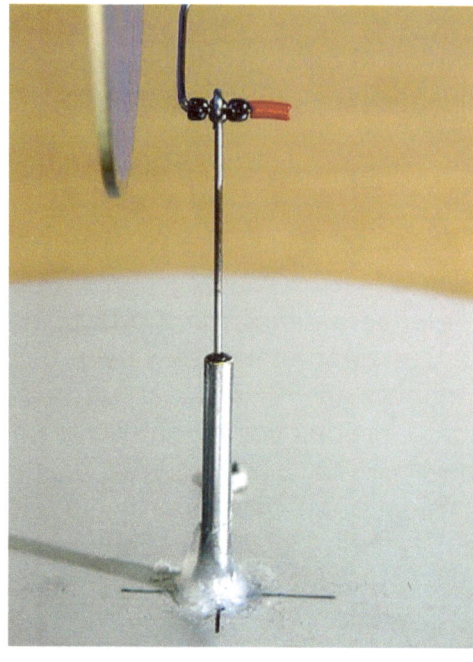

verre selon l'axe principal. Quand tout est aligné, immobilisez à la colle thermique, laissez refroidir complètement et vérifiez que le tout se déplace librement - voir aussi l'assemblage par rivet de la version 3.4

Fermeture du cylindre
Vous pouvez à présent fermer le cylindre. Vissez la plaque inférieure (q) sur les deux entretoises, puis collez-la avec du mastic au silicone. Lissez et laissez polymériser. (ne collez la trappe de visite (r) qu'en tout dernier lieu, quand vous aurez effectué tous les réglages)

Derniers assemblages et réglages
1 - collez à la colle thermique le CD (t) sur son axe, en tenant compte du déphasage de 90° entre la manivelle du déplaceur et celle du piston moteur. Au cours du refroidissement, vérifiez que le CD tourne rond. Tant que la colle n'est pas complètement froide, vous pouvez encore parfaire son alignement.
2 - assemblez la bielle du déplaceur (w) et réglez la pour avoir 5/10 mm de jeu au point mort haut et au point mort

bas. Fixez-la sur les axes avec un petit morceau de gaine électrique.

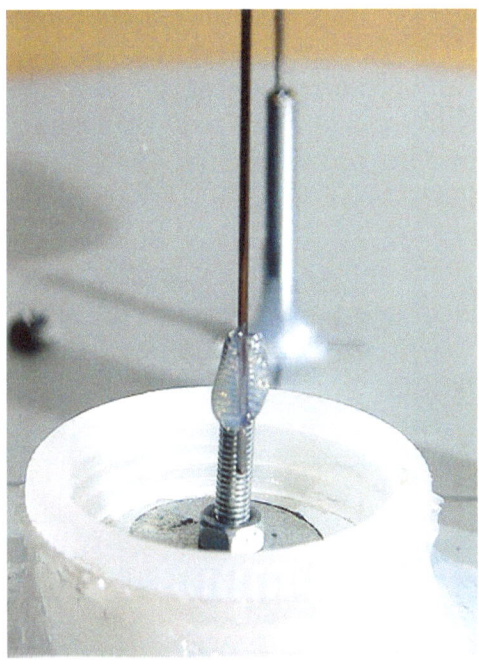

3 - pincez la membrane (u) entre le couvercle évidé de la boite de pellicule (h) et le corps du boîtier de façon à laisser un débattement de 1 à 2 mm supérieur à la course de la manivelle. Passer la bielle moteur (x) sur la manivelle et collez-la à la colle thermique sur la vis (y) passant au centre de la membrane. Fixez la bielle avec un petit morceau de gaine électrique.

4 - collez la trappe de visite (r) avec de la colle néoprène, de façon à pouvoir la démonter en cas de besoin. Laissez sécher complètement en ne touchant plus au moteur !

5 - assurez l'étanchéité au niveau des 4 vis qui fixent les entretoises (m) en laissant s'infiltrer une goutte de colle cyanoacrylate (liquide) entre la tête de vis et la surface du plateau

6 - déposez une dernière goutte d'huile à l'endroit où le coulisseau (v) pénètre dans la glissière (f)

Équilibrage statique

Si vous avez pesé les différents éléments avant de les assembler, il suffit par exemple pour équilibrer statiquement le déplaceur de faire le total de tout ce qui est suspendu à l'axe de la manivelle, et, en faisant ensuite le rapport des bras de levier vous calculerez facilement le poids (et la distance) de la masse d'équilibrage qui sera naturellement placée à l'opposé de l'axe de la manivelle - voir FAQ -

Plus simplement, le moment dû à la masselotte d'équilibrage doit avoir la même valeur, et être de sens opposé à celui dû au poids de l'équipage mobile du déplaceur. Par exemple : si le déplaceur + le coulisseau + la bielle pèsent 10 g, si la manivelle a un débattement total de 7 mm, et si l'on veut utiliser une masselotte de 1 g, on la placera à 10 * 3,5 / 1 = 35 mm de l'axe du CD.

Et vous n'aurez plus qu'à faire la même chose du côté de la bielle et du piston moteur.

Stirling version 3.2
moteur solaire amélioré

Améliorations par rapport à la version 3.1

Sans toucher à la structure et en modifiant seulement quelques éléments, il est possible d'améliorer sensiblement le rendement de ce moteur, le seuil de fonctionnement passant alors d'un gradient de température de moins de 10°C, à un gradient inférieur à 6°C.

Cela représente une amélioration du rendement de 60% environ et ça lui permet à présent de tourner à température ambiante pendant près d'une heure, alimenté en énergie par seulement 4 cubes de glace.

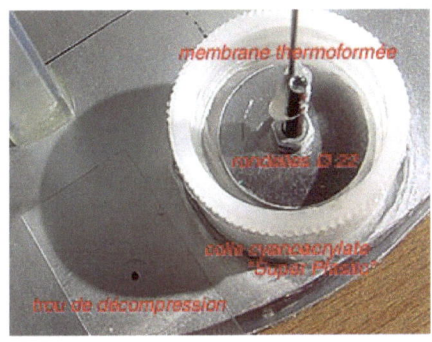

liste des modifications :
1 - augmentation de la dimension des rondelles du piston moteur, dont le diamètre est porté à 22 mm. Comme c'est loin d'être standard, elles seront découpées dans une feuille d'aluminium ep 0,6 mm

2 - p a r a l l è l e m e n t, l'utilisation d'une membrane thermoformée - voir FAQ - évitera sensiblement la formation de plis, et par là même, les frottements à ce n i v e a u. On se rapprochera alors des performances d'un piston rigide, mais sans les problèmes liés à la fabrication

3 - l'étanchéité entre la membrane et les rondelles sera assurée par deux joints toriques concentriques de section Ø 1 mm (détails sur le plan ci-dessous)

4 - l'étanchéité générale sera particulièrement soignée, et le corps du cylindre moteur en polypropylène sera fixé à la colle cyanoacrylate. Il est possible qu'il soit alors nécessaire d'adjoindre un trou de décompression Ø1 mm afin de stabiliser la pression au démarrage. En

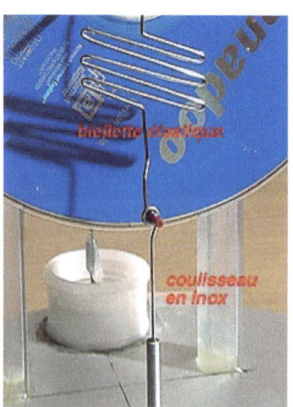

fonctionnement, ce trou sera obturé par un morceau de ruban adhésif collé à plat.

5 - accessoirement, la biellette réglable du déplaceur pourra être remplacée par une biellette élastique, ce qui permettra, en théorie d'augmenter la course jusqu'au contact avec les plateaux supérieurs et inférieurs. Mais surtout, cela présente l'avantage d'absorber les petites dilatations de la structure, lors par exemple du passage d'une source chaude à une source froide, ou de l'exposition au soleil. Pour le fonctionnement avec des glaçons, il est préférable de monter un coulisseau en corde à piano inox (problèmes de corrosion due à la condensation interne).

6 - dans l'optique d'une utilisation solaire, on pourra compléter le capteur (feuille d'aluminium peinte en noire) par une plaque de plastique transparent. Les matières plastiques étant en général, et contrairement au verre, transparentes dans l'infrarouge, je ne pense pas que l'on ait un effet de serre très marqué. Cependant, en surélevant cette plaque de 3 à 4 mm par un joint d'étanchéité périphérique, on crée une couche d'air intermédiaire qui joue le rôle d'isolant .

J'ai pu constater que ce dispositif favorisait la monté en température et son maintien au passage des nuages - spécialement au début de l'été lorsque le soleil est assez haut dans le ciel (juin, juillet). Par contre dès l'automne (fin octobre, début novembre), le soleil ne s'élève plus aussi haut sur l'horizon et ses rayons nous arrivent sous un angle de plus en plus rasant. Une partie non négligeable du rayonnement est alors réfléchie par la feuille de plastique et le gain apporté par ce dispositif semble beaucoup moins intéressant...

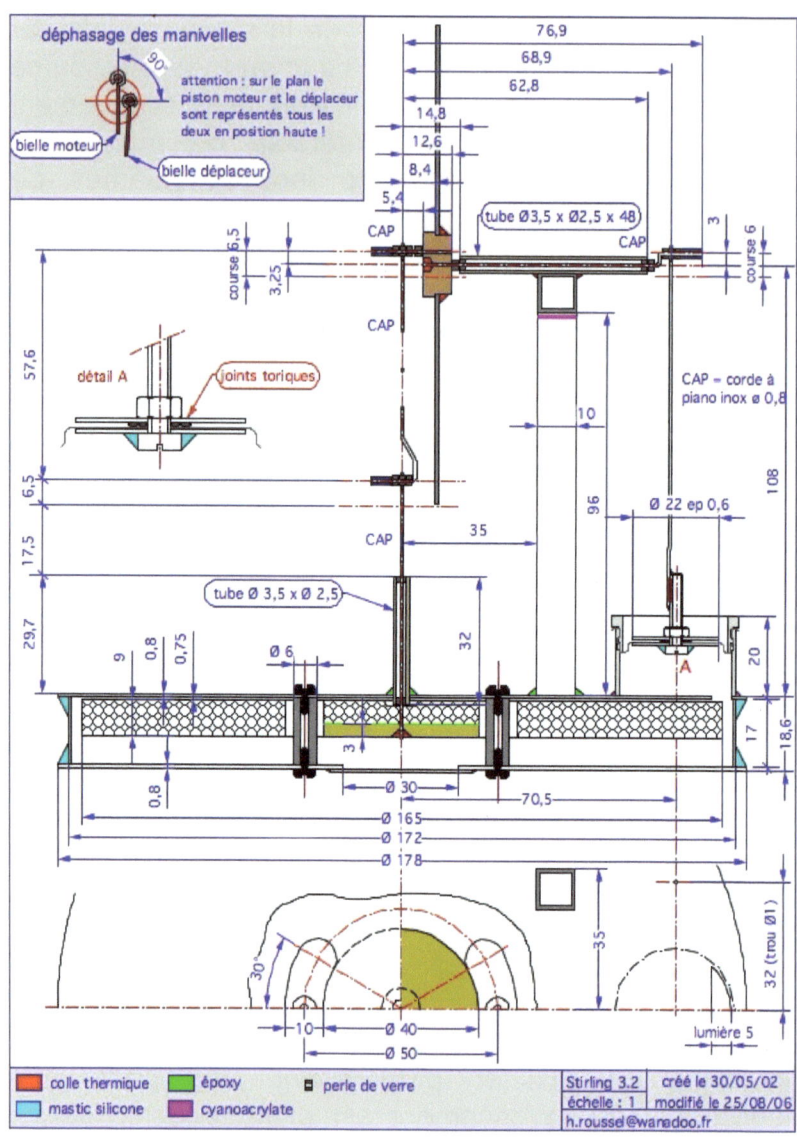

déphasage des manivelles

attention : sur le plan le piston moteur et le déplaceur sont représentés tous les deux en position haute !

bielle moteur

bielle déplaceur

tube Ø3,5 x Ø2,5 x 48

CAP

CAP = corde à piano inox ø 0,8

détail A

joints toriques

Ø 22 ep 0,6

tube Ø 3,5 x Ø 2,5

Ø 6

colle thermique   époxy   perle de verre

mastic silicone   cyanoacrylate

Stirling 3.2	créé le 30/05/02
échelle : 1	modifié le 25/08/06
h.roussel@wanadoo.fr	

plan du moteur Stirling 3.2

Stirling version 3.5
moteur à eau

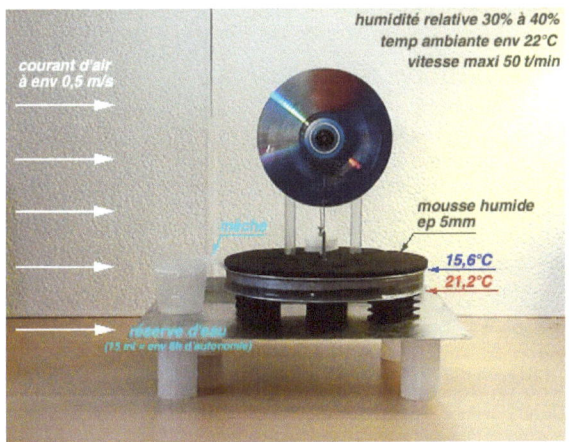

Modifications par rapport à la version 3.2

- le guidage du déplaceur a été amélioré en fabriquant un petit manchon épaulé constitué d'une bague de Ø 5 ou Ø 6 soudée à l'étain sur une rondelle de Ø ext 10. Une fois réalisé, le manchon est collé avec de la colle cyanoacrylate ou de l'époxy à l'extrémité de la glissière. en prenant la précaution de laisser dépasser cette dernière d'1 à 2 mm afin d'assurer le centrage dans le plateau supérieur (voir plan).

- afin de répartir de façon plus harmonieuse les contraintes entre le déplaceur en polystyrène (mou) et le coulisseau en corde à piano (dure), on glisse, dans la chaîne des éléments qui les relient, un petit rivet en laiton Ø1 x Ø1,5 x 6 mm collé à l'époxy dans un disque en contreplaqué d'épaisseur 3 mm, lui-même collé avec le déplaceur. La corde à piano est ensuite soudée à l'étain avec le rivet en laiton.

- la liaison de la bielle moteur avec l'extrémité de la vis qui porte la membrane est elle aussi modifiée. On soude à l'étain l'extrémité de la corde à piano sur deux écrous M3 espacés de 5 à 7 mm. Cela permet de régler à 5/10 près la longueur de la bielle afin de la centrer au mieux par rapport au débattement de la membrane.

- pour diminuer la composante horizontale transmise par la bielle, et par conséquent les forces de frottements, le coulisseau fixé au déplaceur a été raccourci de 11 mm (et la bielle rallongée d'autant).

- du coté froid, la plaque supérieure est recouverte d'une pièce de tissu humide dont une partie en forme de mèche trempe dans un gobelet d'eau. Par capillarité, l'eau monte dans la mèche et diffuse dans le tissu sur l'ensemble de la surface

- du coté chaud, un support servant d'échangeur de chaleur avec l'air ambiant, constitué de six radiateurs pour transistors de puissance, d'une plaque d'aluminium ep 0,8 mm, et de 4 pieds en plastique.

Les précurseurs

Comme chacun sait, l'eau en s'évaporant produit du froid. Ce phénomène naturel a d'ailleurs été utilisé pour concevoir un jouet bien connu de nos parents et de nos grands-parents. Il s'agit de "l'oiseau plongeur", appelé aussi "oiseau pic-pic", ou encore en anglais "drinking bird ».

Placé à proximité d'un récipient, il se balance d'avant en arrière, aussi longtemps que son bec continue à atteindre l'eau. Comment ça marche ? L'oiseau utilise le froid produit sur son bec par l'évaporation de l'eau pour aspirer, comme avec une paille, le liquide qu'il a dans le ventre et déplacer ainsi son centre de gravité.

Performances

Le 15 juillet 2007, la température ambiante avoisinait les 34 °C et le taux d'humidité relative était de 27%.
Ces conditions ont permis au moteur de tourner ce jour-là à plus de 130 tr/min pendant plusieurs heures à partir de l'énergie fournie par l'évaporation de quelques grammes d'eau (il était équipé de la soupape de décharge, à membrane en vinyle ep 0,08 mm, décrite dans la FAQ)

Historique

le Dr Senft a lui-même expérimenté cette idée, dans les années 90, sur son fameux moteur P-19. En le recouvrant d'un tissu maintenu humide, il avait réussi à le faire fonctionner pendant plus de 16 jours consécutifs...

illustration extraite du manuel « An Introduction to LOW TEMPERATURE DIFFERENTIAL STIRLING ENGINES » de JAMES R. SENFT

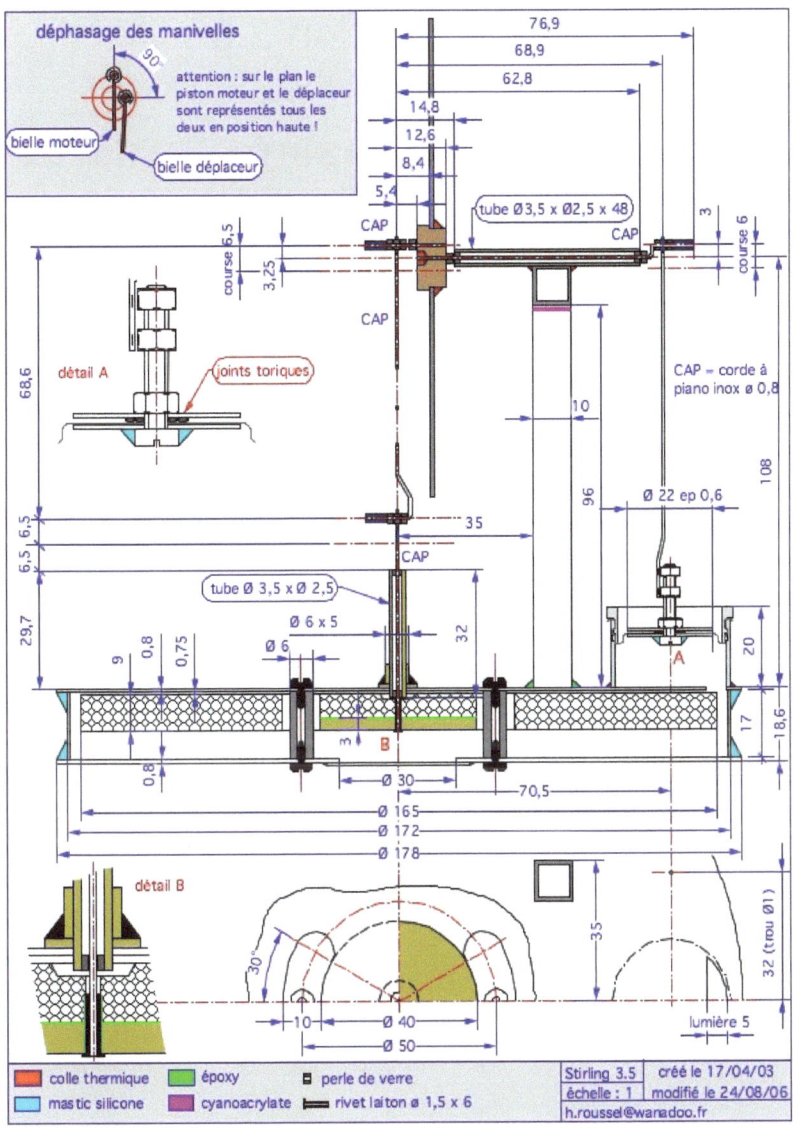

plan du moteur Stirling 3.5

Stirling version 3.6
moteur à gradient de 3°

Modifications par rapport à la version 3.5
- l'épaisseur du déplaceur a été ramenée par abrasion à environ 7 mm, sa course à 4 mm, et la hauteur du cylindre à 12 mm (le but recherché étant de diminuer autant que possible la vitesse linéaire du déplaceur et donc l'énergie pour le mouvoir)

- afin de profiter au maximum du volume restant et de pouvoir aller pratiquement au contact des deux plateaux, l'axe de la bielle est maintenant réglable. Une petite pièce en alu coulisse à la surface du CD, permettant un réglage à 1/10 ou 2/10 près - en cas d'erreur, la bielle élastique évite de forcer sur certains éléments (et un petit coup de pince permet d'ajuster sa longueur...)

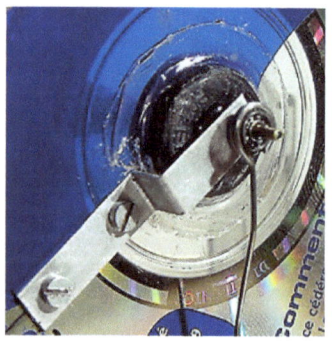

- tous les axes de rotations sont équipés de roulements à billes miniatures à faible frottement (Ø int 1,5 , Ø ext 4 ou 5 mm). En

fait, je crois que j'ai réalisé cette modification essentiellement pour me faire plaisir... Avec des pièces légères comme celles employées ici, les roulements n'apportent pas de gain sensible. En dessous de 10 gf de charge radiale, et avec des axes en corde à piano de Ø 0,8 mm, les paliers lisses sont plus avantageux. Le seul endroit où ce soit vraiment intéressant,

c'est pour le pallier situé près du centre du CD qui supporte une charge d'une vingtaine de grammes. Aux faibles températures, et aux vitesses de rotation atteintes, les autres paliers sont soit aux alentours de 10 gf (côté piston moteur), soit en dessous.

- le trou de décompression est à présent surmonté d'un embout permettant de relier le moteur à un manomètre à eau ou à un capteur de pression. Cet aménagement favorise grandement la mise au point en permettant, entre autres, de vérifier l'étanchéité du moteur et de mesurer son taux de compression : dans le cas présent, la diminution de la hauteur du cylindre a fait passer le taux de compression de 1,004 à 1,006.

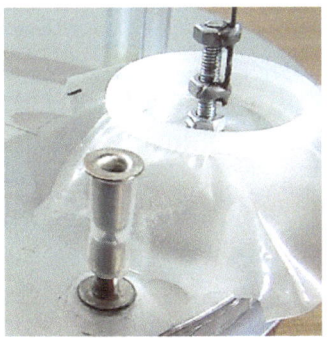

Performances

L'ensemble de ces modifications a permis d'abaisser sensiblement le seuil de fonctionnement du moteur, puisqu'il tourne à présent à 40 t/min avec une différence de température de 3°C seulement, et à 120 t/min pour une différence de 6°C - poussé dans ses derniers retranchements (2,5°C), le moteur accepte de descendre jusqu'à 24 t/min, mais fonctionnant alors à la limite de ses possibilités, il s'arrête au bout de quelques minutes - pour fixer les idées, un écart de 3°C peut être obtenu en soutenant le moteur du bout des doigts, et 6°C en le posant à plat sur la main.

Mais il est plus pratique d'utiliser des résistances électriques pour faire varier la température et c'est ce qui a été fait pour établir les relevés ci-contre :

- dans cette plage d'utilisation restreinte, la vitesse de rotation apparaît comme étant liée d'une façon sensiblement linéaire à la différence de température entre les deux plateaux.

- si l'on prolonge la courbe de régression, on voit qu'elle coupe l'axe des X entre 1°C et 2°C. Au niveau d'évolution actuel, il semble difficile de faire fonctionner ce moteur sous le seuil symbolique de 1°C...

- je me suis amusé à remplacer l' air par différents gaz que j'avais sous la main : d'abord par ce que je pense être du ballonium , un mélange d'hélium et d'azote utilisé pour gonfler les ballons de baudruche et qui, pour un gradient de température donné, améliore la vitesse de rotation de 40 %. Ensuite, ce que j'appelle du butane (en fait, là aussi, un mélange de 60 % de butane et de 40 % de propane), qui au contraire fait chuter les performances d'environ 20 %. Et enfin, du gaz provenant d'une bombe dépoussiérante de marque hama , dont je ne connais pas la composition, et qui est le moins performant de tous puisqu'il divise la vitesse de rotation du moteur par deux .

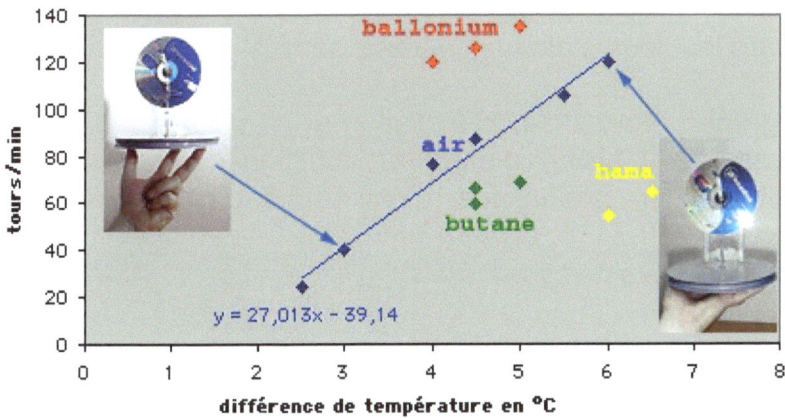

Ces essais rapides confirment, s'il en était besoin, qu'il est préférable d'utiliser un gaz dont la masse moléculaire est faible - en supposant que le ballonium contienne 75 % d'hélium et 25 % d'azote, la masse moléculaire moyenne du mélange doit se situer autour de 10 (contre 29 pour l'air) - le mélange butane/propane se situe probablement vers 55 - enfin, compte tenu de ses performances médiocres, le gaz mystérieux utilisé dans la bombe dépoussiérante pourrait avoir une masse moléculaire de l'ordre de 100 à 150 : un bon candidat serait le tetrafluoroéthane (C2H2F4), avec une masse moléculaire de 102 g/mole.
Voici une application inattendue de ces petits moteurs qui peuvent donc servir, une fois étalonnés, à estimer grossièrement la masse moléculaire d'un gaz inconnu...

Évaluation du rendement, tracé du diagramme (p,V)
Conditions de mesure : plateau supérieur chauffé par
deux résistances électriques totalisant une puissance de
4,8 W - différence de température de 6°C (36°C - 30°C)
entre les deux plateaux - vitesse de rotation 127 t/min

- graphe représentant l'évolution de la pression et de la
position du piston moteur en fonction du temps : on
observe un déphasage d'environ 8 degrés entre la

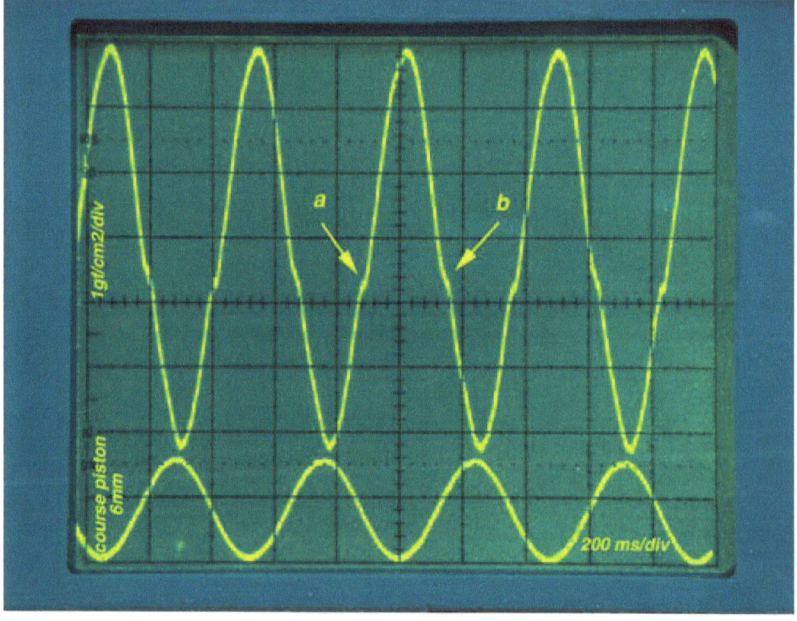

position basse du piston et la pression maximale - les
repères a et b indiquent un palier dans l'évolution de la
pression, probablement dû au changement d'appui de la
membrane d'une rondelle à l'autre - on retrouve ces
irrégularités amplifiés sur le diagramme (p,V)

- diagramme de travail (p,V), établi dans les conditions décrites plus haut - étant donné la faible différence de température, les variations de pressions sont modérées et le diagramme se présente sous une forme aplatie - la

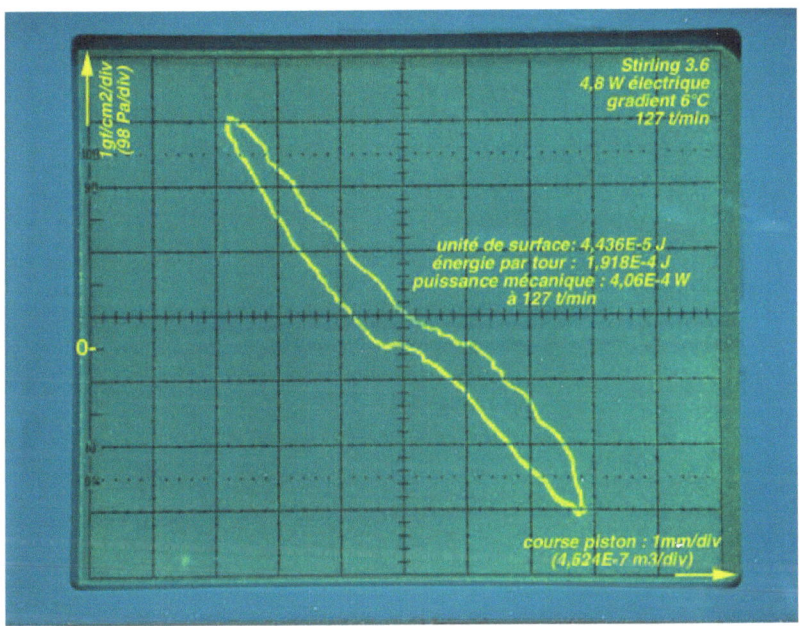

puissance relevée est d'environ 0,4 mW, alors que la formule du rendement idéal donne 46 mW (en supposant que 50 % de l'énergie des résistances soient dissipés vers l'extérieur et que seulement 2,4 W participent au fonctionnement du moteur - la membrane ayant un Ø de 27 mm et les rondelles un Ø de 22 mm, c'est un Ø moyen de 24 mm qui a été retenu pour les calculs)

- ce palier présente au moins un avantage, celui de faciliter le réglage de la bielle pour que le débattement de

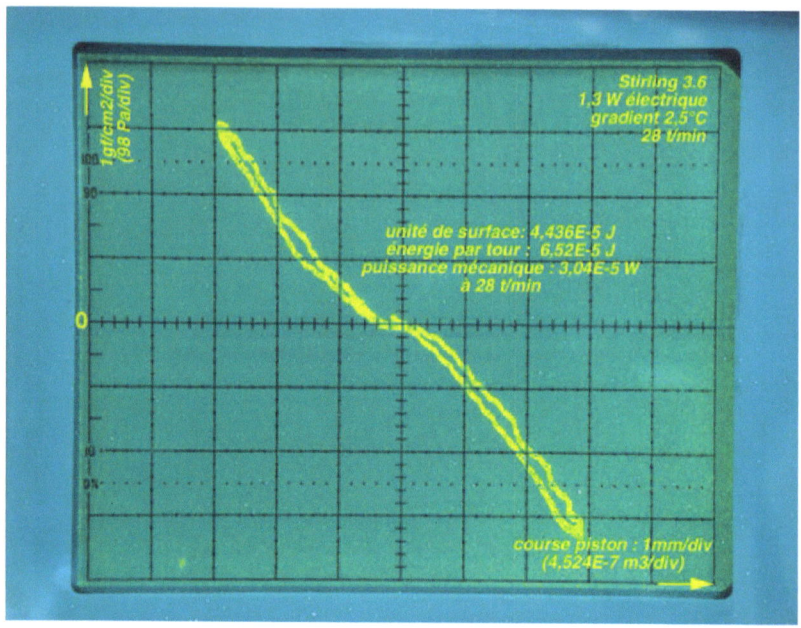

la membrane soit équilibré . En utilisant ce procédé, j'ai constaté une petite amélioration, puisque le moteur tourne maintenant de façon stable à 28 t/min avec un gradient de 2,5°C. Les mouvements du déplaceur étant lents, il est fort probable que le travail mesuré (6,5E-5 J par tour), corresponde essentiellement aux frottements mécaniques - la différence avec les 1,92E-4 J du diagramme précédent (env. les 2/3), s'expliquant alors par la quantité d'énergie plus importante absorbée par le déplaceur (vitesse x 4,5 = résistance de l'air x 20 = énergie x 20... en simplifiant)

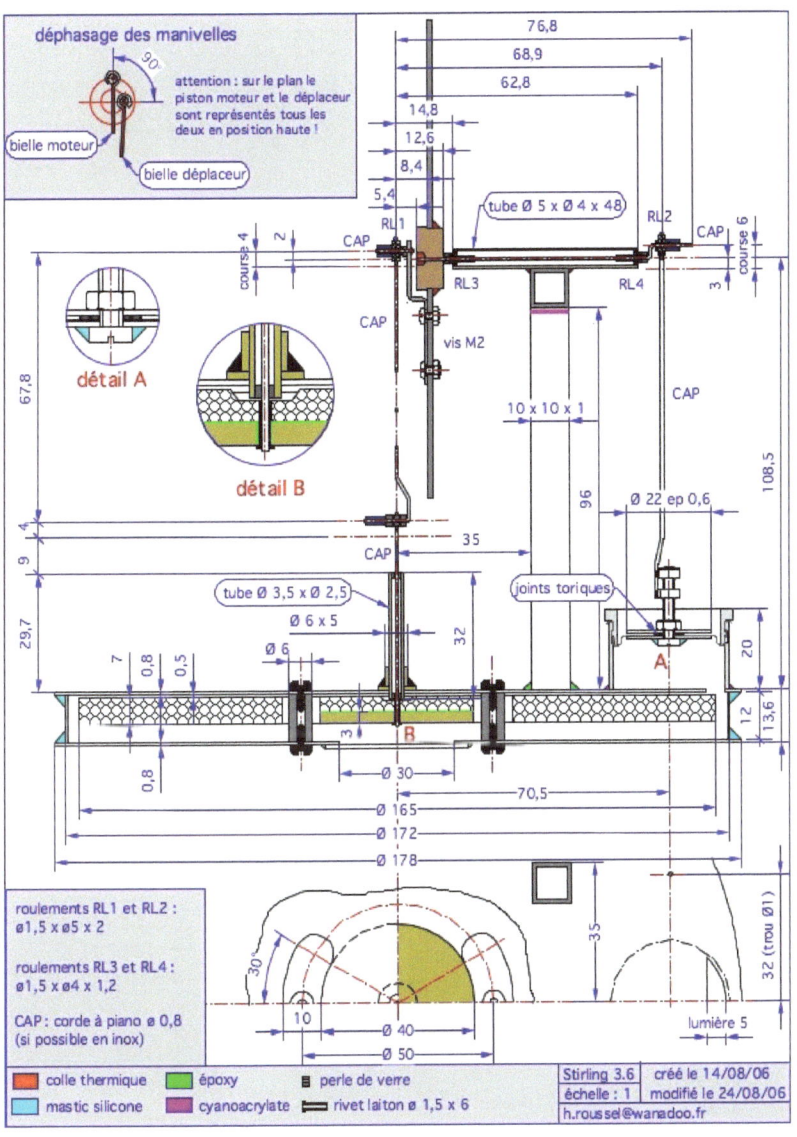

plan du moteur Stirling 3.6

Stirling version 3.7

moteur capable de produire des flashs lumineux à partir de l'énergie thermique dégagée par la main

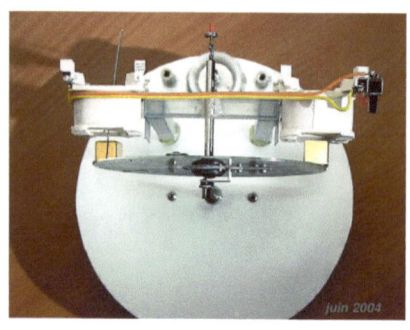

Modifications apportées à la version 3.6
les principaux changements consistent en la fixation de 2 aimants permanents au Néodyme à la périphérie du volant et au montage de 2 bobines destinées à alimenter une LED à faible courant. - l'axe du volant est maintenant en corde à piano Ø 1,5 mm - la bielle du déplaceur, précédemment en corde à piano, est remplacée par une pièce en matériau non magnétique (tôle d'alu ep 0,5 mm)

Fournitures complémentaires
- 2 aimants cubiques de 12 mm au Néodyme
- 2 bobines télémécanique réf. LXD1V7 (L=1,36 H, R =1600 ohms)
- 1 LED à faible courant (2 mA)

Principe

Le principe est identique à celui du moteur version 1.2 : chaque fois qu'un aimant s'approche d'une bobine, il y génère une force électromotrice - lorsque l'aimant s'éloigne, il crée une force électromotrice de sens inverse : ci-contre : la courbe 1 a été relevée avec une différence de température d'environ 6° C - en alimentant la diode, le

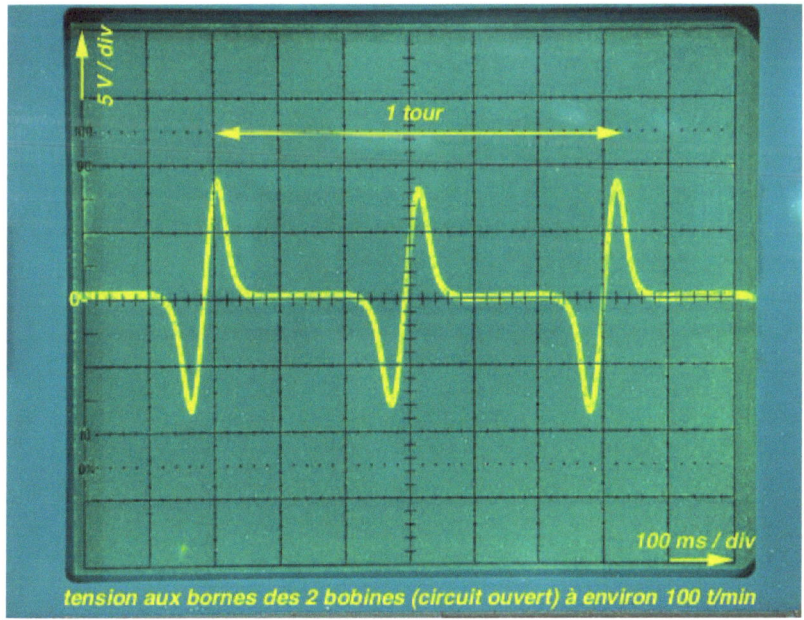

courbe 1

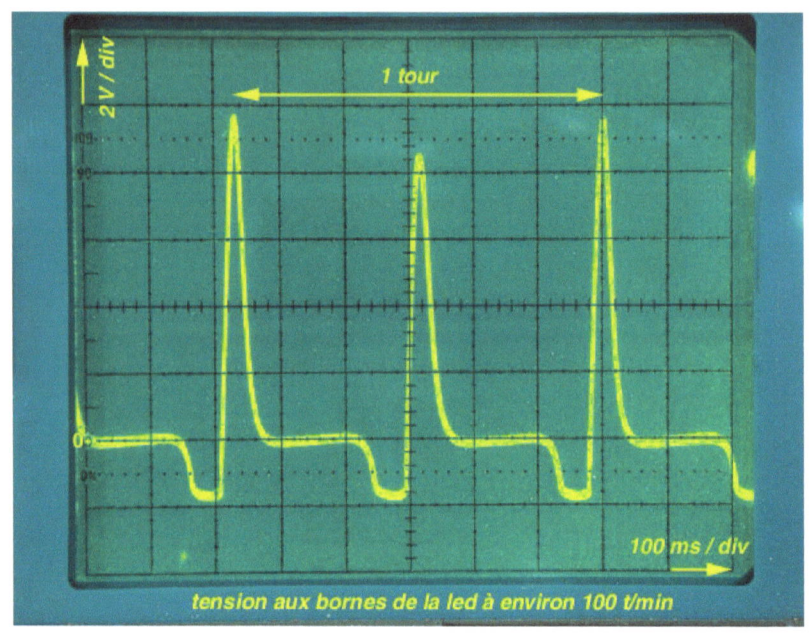

courbe 2

tracé des courbes 2 et 3 a nécessité une différence de température de 13° C pour maintenir une vitesse de rotation de 100 t/min

Par contre, l'adaptation s'est révélée un peu plus difficile, car d'une part la vitesse de rotation est nettement plus faible, et d'autre part, la puissance mécanique convertie (0,4 mW pour une différence de température de 6°C) est bien inférieure aux 4 mW nécessaires pour faire briller une LED en régime continu - voir diagramme (p,V) du moteur version 3.6 - voir la FAQ

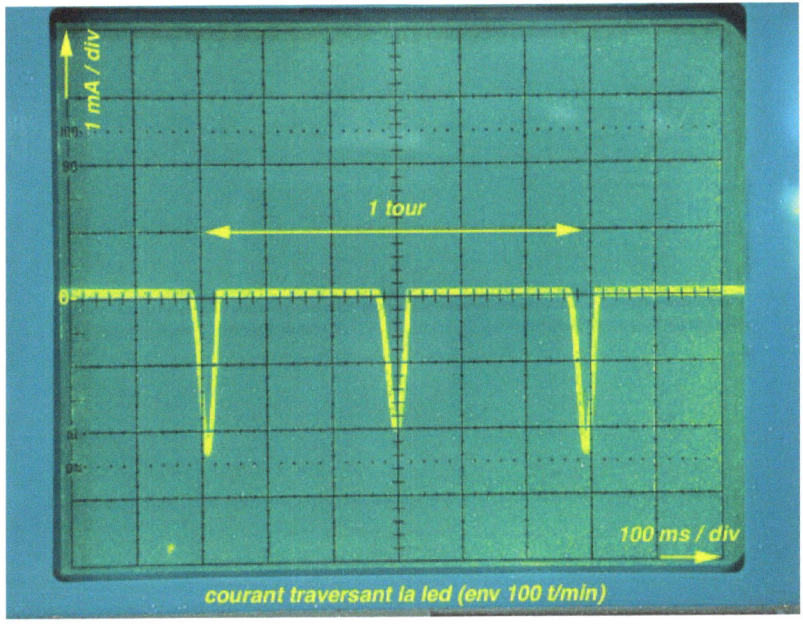

courbe 3

Pour palier la faible vitesse de rotation et contourner le manque de puissance, il a fallu à la fois utiliser des bobines et des aimants plus performants, et se contenter d'une seule LED émettant deux flashs lumineux par tour.

Ainsi transformé, le moteur produit de la lumière à partir de la seule chaleur de la main (env. 60 t/min), éventuellement secondé, en cette période estivale, par un petit glaçon ou un tissu humide posé sur le plateau supérieur - le commutateur au dessus de la LED permet de l'alimenter par une ou deux bobines en fonction de la puissance disponible...

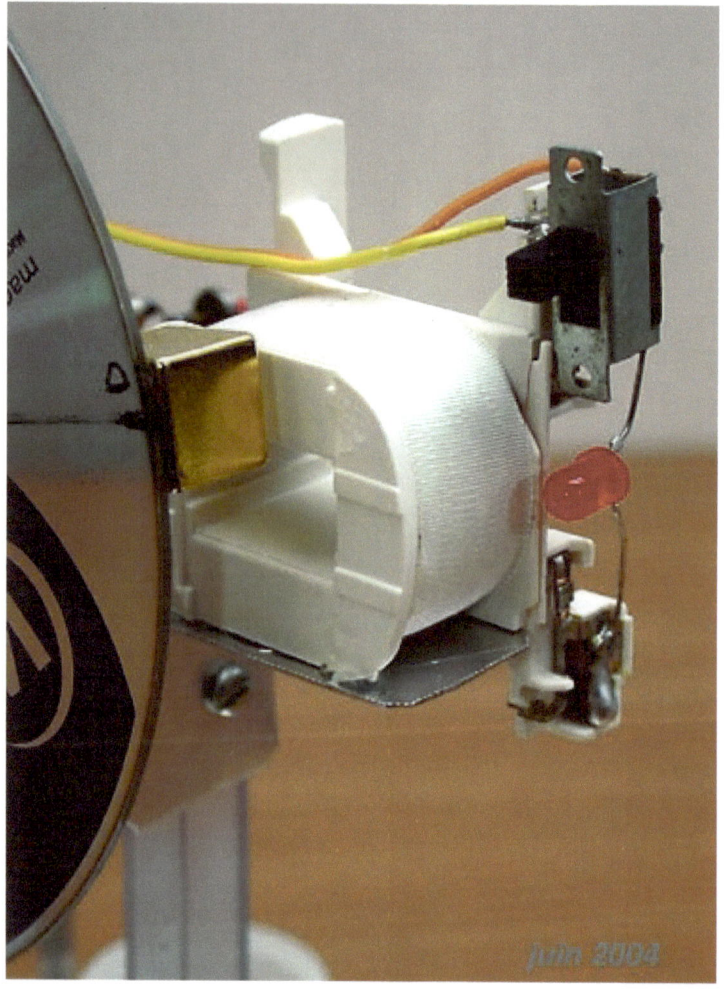

Utilisé en tant que générateur solaire
Bien que l'été ait un peu de mal à s'installer au nord de la Loire (surtout en ce qui concerne les températures), ce brave petit moteur a bien voulu, en cette fin juillet 2004, fournir un peu d'électricité en tirant son énergie du flux thermique généré par l'évaporation de quelques grammes d'eau...

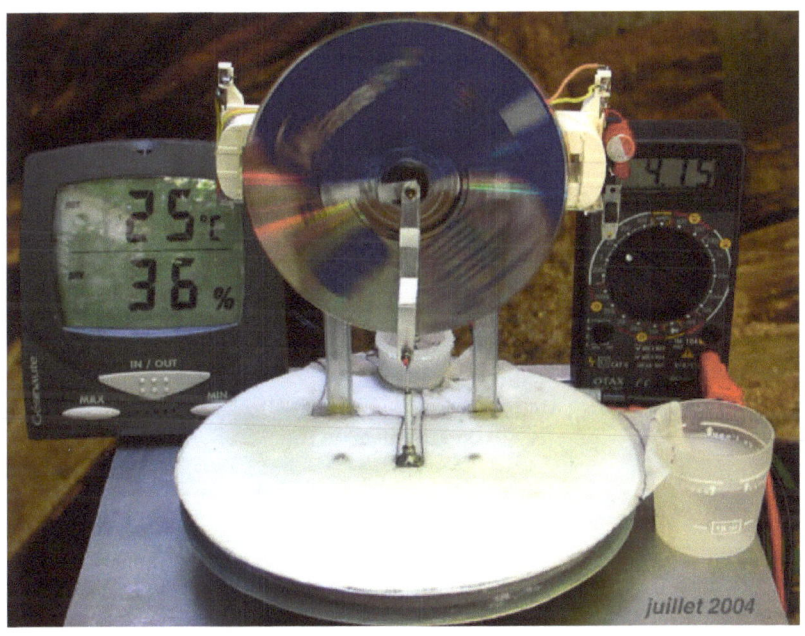

H2O + temp de 25°C + 36% d'humidité relative = 4.15 V !

La méthode est celle du tissu humide utilisé par le moteur à eau version 3.5 .

Disposé à l'ombre, et malgré une brise pratiquement nulle, la rotation du moteur s'est stabilisée assez rapidement à 60 t/min, produisant une force électromotrice continue d'environ 4 V.

Remarque

Ce dispositif est particulièrement sensible aux courants de Foucault créés dans les pièces métalliques situés près du passage des aimants, et cela provoque un effet de freinage non négligeable - (le phénomène est d'autant plus marqué que

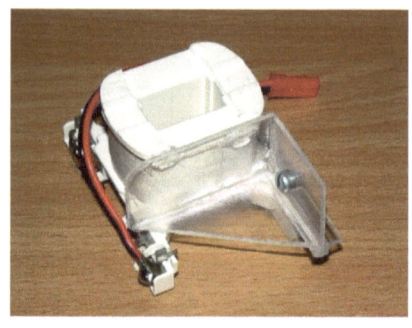

l'on conjugue ici des champs magnétiques relativement intenses et une puissance mécanique modérée).

J'ai notamment constaté que les équerres en aluminium supportant les bobines étaient une cause importante de ralentissement : en remplaçant ces deux équerres par des pièces en polystyrène, la vitesse de rotation augmente d'une bonne dizaine de tours/min, ce qui permet de gagner environ 1 V sur les valeurs indiquées plus haut...

Des courants de Foucault se développent certainement aussi dans d'autres pièces métalliques (visserie, bielles, etc.), mais celles-ci étant de taille plus réduite, ils sont moins pénalisants.

Reste le problème des deux plateaux en aluminium qui présentent au flux magnétique une surface importante : bien qu'étant situés à une certaine distance du volant moteur, ils freinent malgré tout un peu sa rotation.

Stirling version 3.8
moteur pouvant dépasser 1500 tr/min posé sur de l'eau
chaude et refroidi par des glaçons
début 2014, c'était le plus rapide dans ces conditions !

Modifications par rapport à la version 3.6

Ce modèle est directement dérivé du modèle 3.6 dont il reprend la structure et les dimensions principales.

La modification la plus importante concerne le déplaceur qui a été profondément remanié. Huit pastilles régénératrices de taille variable y ont été insérées. Elles proviennent d'une feuille de filtre pour hotte de cuisine (ep 6mm) que l'on trouve dans les magasins de bricolage.

Le déplaceur en polystyrène et les pastilles en mousse ont été découpés à l'aide d'un fil chauffant.

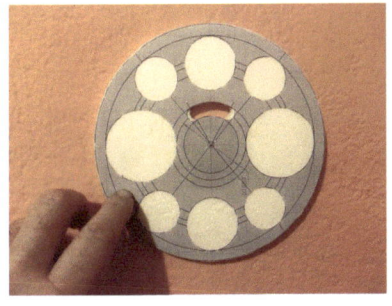

La bielle commandant le déplaceur est celle en aluminium du moteur 3.7, celle du 3.6 en corde à piano est trop flexible et fait perdre environ 100 tr/min.

La course totale du piston moteur a été réglée à 10 mm et le déphasage entre le déplaceur et le piston moteur avancé de 18°.

Le déphasage classique est de 90°, il passe à présent à 108°.

Enfin, un échangeur constitué de 4 demi-canettes en aluminium a été collé sous le plateau inférieur. Cet échangeur plonge en partie dans le bol d'eau chaude et améliore le transfert thermique entre l'eau et le plateau inférieur du moteur.

vidéo sur YouTube : https://youtu.be/Uc-TTsrCIus

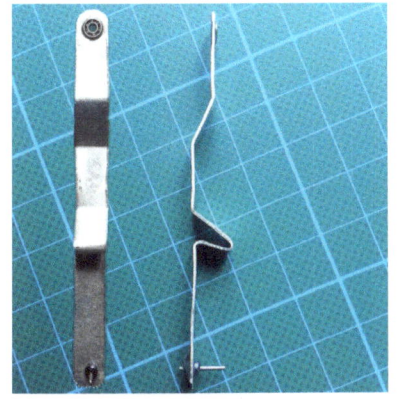

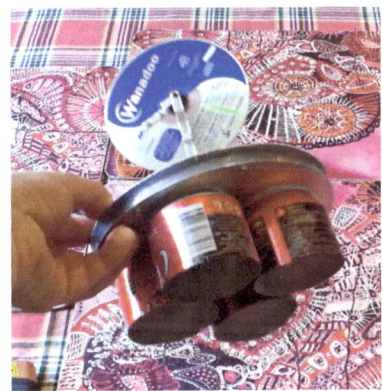

Notice de montage pour moteur Stirling LTD

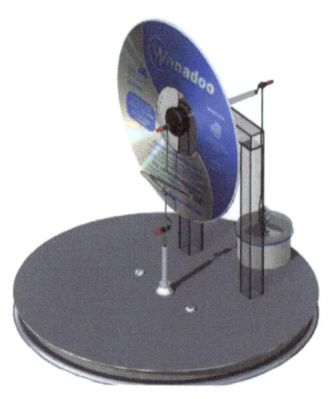

Description de la version 3.5.5 :

La version 3.5.5 retenue pour illustrer cette page a été entièrement modélisée en CAO. Il s'agit d'un modèle intermédiaire entre le moteur de type 3.5 et le moteur de type 3.6. Ce modèle permet, avec des moyens simples et peu coûteux, de flirter avec le seuil des 3°C. En contrepartie, n'étant pas équipé de roulements à billes, il sera difficile de le faire évoluer vers le modèle de type 3.7, générateur de courant.

L'ordre d'assemblage diffère un peu de celui décrit dans la page consacrée au modèle 3.1 car on suppose, ici, que toutes les pièces ont été fabriquées au préalable. Les deux pages sont donc complémentaires. En cas de doutes, n'hésitez pas à vous référer à la première...

Sauf indications contraires, les colles utilisées correspondent aux codes de couleurs affichés à droite.

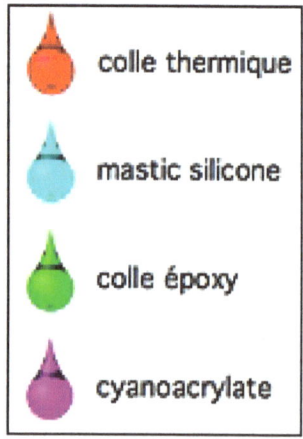

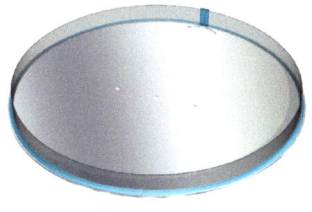

1 collez le ruban de Rhodoïd de 12 mm x 560 mm sous le plateau supérieur, en le maintenant en place par de petits morceaux d'adhésifs

2 après l'avoir dépoli à la toile émeri sur quelques mm, collez le cylindre moteur (portion d'emballage de pellicule 24 x 36) sur le plateau supérieur

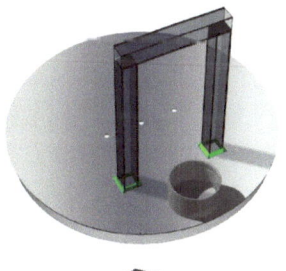

3 le portique, assemblé au préalable avec de la colle cyanoacrylate, est fixé parfaitement d'équerre sur le plateau supérieur

4 passez un morceau de corde à piano Ø 0,8 au travers de la glissière du déplaceur, insérez les 2 perles de verres et immobilisez les avec une goutte de colle - ensuite, collez l'embase

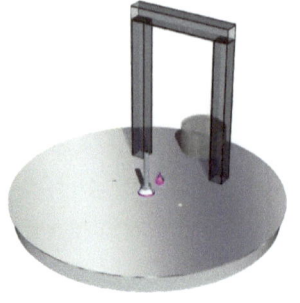

5 la glissière terminée peut à présent être fixée au centre du plateau supérieur

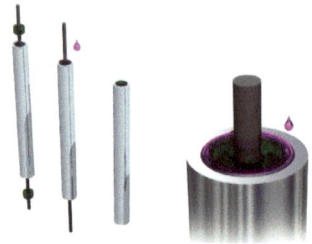

6 préparez le palier du volant moteur de la même façon qu'en **4**

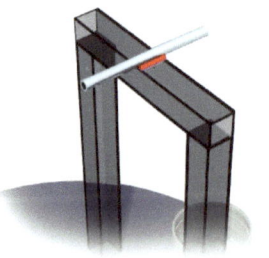

7 fixez le palier sur la potence avec de la colle thermique et vérifiez sa position - au besoin, vous pourrez rectifier l'alignement au cours du refroidissement

8 vissez les deux entretoises

coulisseau

9 à l'aide d'époxy rapide installez le disque de contreplaqué (ep 3 mm) dans le déplaceur - enduisez ensuite l'extérieur du rivet de la même colle et placez-le au centre du disque

10 avec une goutte de colle, fixez une perle de verre dans l'anse du coulisseau

11 assemblez le déplaceur et le coulisseau, soit avec de la colle thermique, soit en brasant à l'étain le coulisseau et le rivet - attention à respecter l'orientation - n'oubliez pas une petite goutte d'huile fine

12 vous pouvez à présent fermer le cylindre principal en vissant le plateau inférieur - le collage définitif et l'étanchéité ne se feront qu'à la fin de l'assemblage, après vérifications...

13 à ce stade, votre moteur pourrait ressembler à peu près à cela !

14 immobilisez avec une goutte de colle 2 perles de verre sur la manivelle

15 préparer le moyeu du CD en y insérant l'axe de bielle

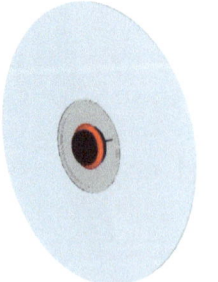

16 collez le moyeu au centre du CD

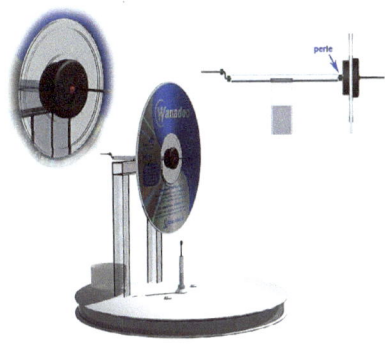

17 montez l'axe du CD dans le palier, insérez une perle de verre, puis le CD que vous immobilisez à la colle thermique - vous avez quelques secondes pour ajuster le déphasage

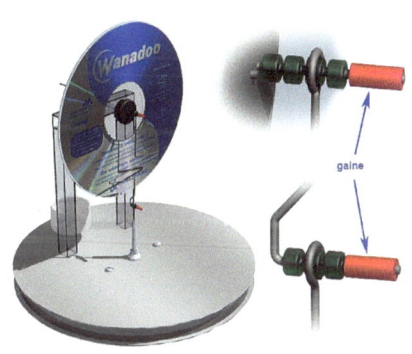

18 accrochez la bielle zigzag à son axe et au coulisseau, sans oublier les perles de verre - bloquez le tout avec un morceau de gaine de fil électrique

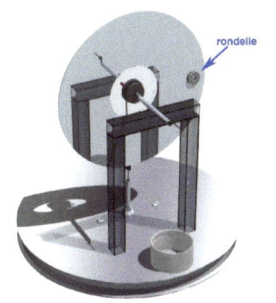

19 cette position n'est pas stable : le volant tourne, entraîné vers le bas par le déplaceur - vous pouvez l'équilibrer avec une rondelle fixée à l'opposé de l'axe de la bielle du déplaceur

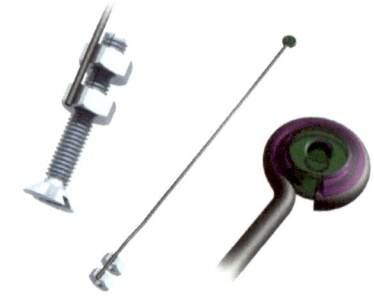

20 préparez la bielle moteur en brasant à l'étain une tige de CAP Ø 0,8 sur 2 écrous positionnés sur une vis M3 - de la même façon qu'en **10**, collez une perle de verre dans l'anse de la bielle

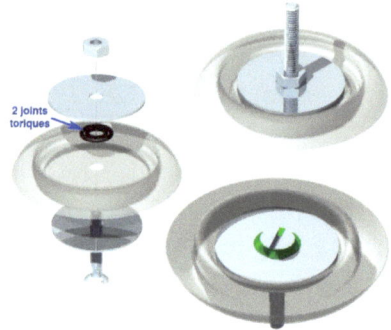

21 piston moteur : glissez sur la vis M3 une rondelle Ø22, la membrane, 2 joints toriques, la seconde rondelle, et serrez modérément le tout avec un écrou - rendre étanche la tête de vis avec un cordon de colle époxy

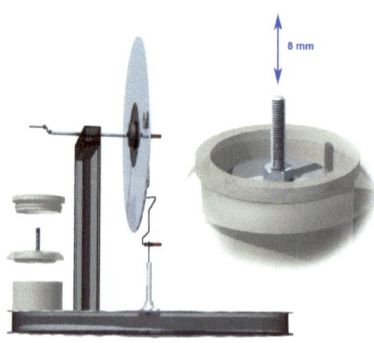

22 placez le piston moteur équipé de sa membrane sur le cylindre et immobilisez-le avec le bouchon évidé selon le plan - vérifiez que le débattement du piston est de l'ordre de 8 mm

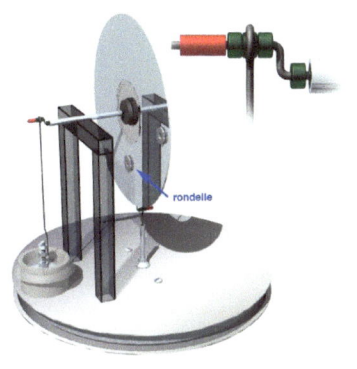

23 vissez la bielle moteur sur le piston, et accrochez-la à la manivelle - procédez à l'équilibrage du piston moteur en collant une 2ème rondelle sur le volant

24 après avoir vérifié que le moteur tourne librement à la main, et qu'il n'y a pas de point dur, appliquez un cordon de silicone à la jonction du plateau inférieur et de la paroi du cylindre du déplaceur

25 il ne reste qu'à fermer la trappe de visite, soit avec de la colle thermique, soit avec de la colle au néoprène transparente, et à déposer 4 gouttes de colle pour étanchéifier les 4 têtes de vis des entretoises

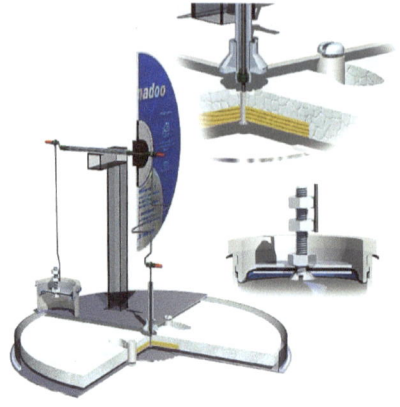

26 pour terminer, vous pouvez réaliser cet écorché en découpant soigneusement votre modèle à l'aide d'une bonne cisaille - non, non, je plaisante...

CAO-DAO : vous pouvez télécharger les plans de ce moteur modélisés sur VectorWorks et Autodesk Inventor Fusion + un fichier .sat lisible par Pro Engineer, SolidWorks, etc en allant sur http://www.photology.fr

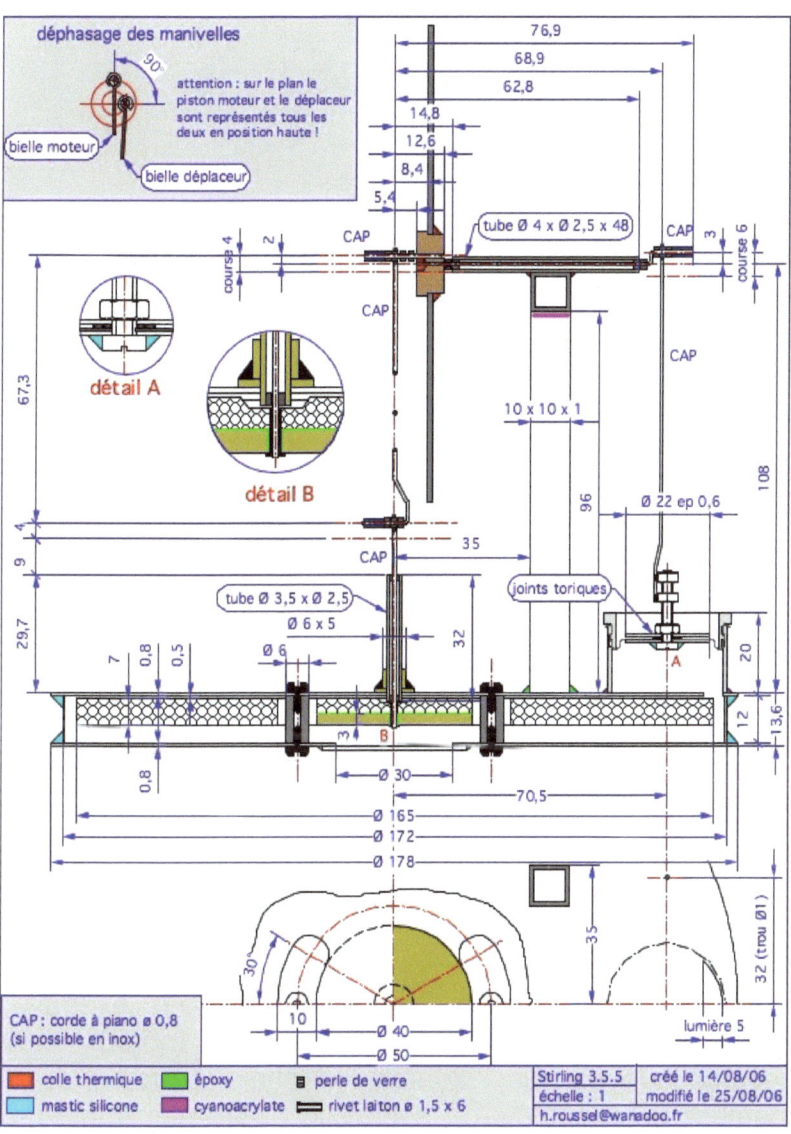

plan du moteur Stirling 3.5.5

Foire Aux Questions

> mon moteur ne fonctionne pas !

Normalement, en suivant les plans et en respectant les matériaux indiqués, ça devrait fonctionner, mais...
Si ce n'est pas le cas lors de la première mise en route, essayez de créer une différence de température importante entre les deux plateaux
Par exemple, vous pouvez placer votre moteur au dessus d'un récipient d'eau très chaude et disposer des cubes de glace sur le plateau supérieur, puis lancer doucement le volant à la main dans un sens et dans l'autre - en effet le sens de rotation dépend du déphasage de + ou - 90° que vous avez réglé entre le piston et le déplaceur (une indication toute bête, mais peut-être pas inutile, ces petits moteurs, pas plus que ceux des voitures, ne démarrent tout seuls : il faut obligatoirement les lancer à la main !)

Si dans ces conditions il ne tourne toujours pas, c'est qu'il y a vraiment un problème...
Cela peut provenir de :

1 - l'étanchéité :

Pour vérifier l'étanchéité, vous pouvez par exemple, après avoir déconnecté la bielle du piston moteur, vous assurer que sur une source de chaleur modérée, la membrane se soulève et s'abaisse d'elle même lorsque vous bougez le déplaceur d'un plateau à l'autre.

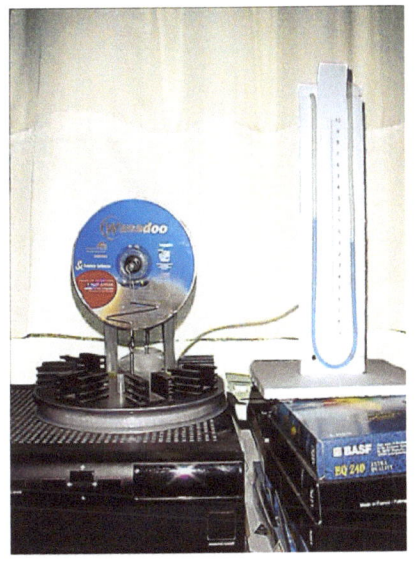

Un moyen un peu plus "scientifique" consiste à confectionner un manomètre à eau simplifié avec 1 m de durite silicone (Ø 2 mm int - magasins de modélisme) Sans appliquer de source de chaleur, en connectant à nouveau la bielle du piston moteur et en tournant le volant à la main, on peut voir le liquide se déplacer de quelques cm de part et d'autre du point d'équilibre (1 cm de différence entre les niveaux correspond à une pression d'environ 1 gf/cm2)

Si on arrête le volant au PMH (piston moteur en position haute), la différence entre les niveaux est à son maximum, et on peut alors vérifier l'étanchéité du moteur en observant le temps que met le manomètre pour retourner au point d'équilibre (pression = 0)

Selon l'étanchéité du moteur, la durée peut varier de quelques secondes à plusieurs minutes, mais pour qu'il fonctionne, il est nécessaire que ce retour à l'équilibre soit assez nettement supérieur à la durée d'une révolution : pour un moteur susceptible de tourner à 60 t/ min, comptez entre 5 et 10 secondes.

n'oubliez pas :
- d'assurer l'étanchéité au niveau des 4 vis qui fixent les entretoises (m) en laissant s'infiltrer une goutte de colle

cyanoacrylate (liquide) entre les têtes de vis et la surface du plateau
- de déposer une dernière goutte d'huile à l'endroit où le coulisseau (v) pénètre dans la glissière (f)
(repères page 3.1)

2 - les frottements :

La puissance fournie par ce type de moteur étant très faible (15 mW convertis en énergie mécanique sur le 1.2) il faut que les frottements soient aussi réduits que possible au niveau du coulisseau et des paliers.

Un test simple consiste à débrancher toutes les bielles et à lancer le volant à la main : le CD doit tourner une cinquantaine de tours avant de s'arrêter, qu'il soit équipé de roulements ou de billes de verre.

Si vous utilisez des paliers en perles de verre, il est très important d'utiliser un axe en corde à piano de Ø 0,8 mm - si vous utilisez un axe fait dans un autre matériau, ou bien il ne sera pas assez rigide, ou bien vous devrez augmenter son Ø et les forces de frottement seront trop élevées.

Si vous avez monté l'axe du volant sur des roulements, l'axe peut avoir dans ce cas une section plus importante - mais je vous conseille cependant de continuer à utiliser de la corde à piano Ø 0,8 mm et des perles de verre pour le guidage vertical du déplaceur - ce dispositif, une fois huilé, assure une bonne étanchéité et des frottements réduits.

3 - le déphasage

Très important, avez-vous bien respecté le déphasage de 90° entre le mouvement du déplaceur et celui du piston moteur ? C'est vrai que pour favoriser le couple ou la vitesse de rotation, on peut jouer un peu sur cette valeur, mais pour les premiers tests conservez 90°.

4 - les entretoises (uniquement pour les moteurs de la série 3.x)

Les plateaux de la série 3.x, réalisés dans des feuilles d'aluminium de 0.8 mm ne sont pas assez rigides par eux-mêmes - si l'on omet d'installer les 2 entretoises indiquées, au lieu que ce soit le piston moteur qui se déplace, ce sont les plateaux qui se déforment d'environ 1/10 de mm.

Important : les 2 entretoises doivent impérativement être réalisées en matière plastique (polyamide, résine acétale, etc.) afin d'éviter de créer un pont thermique entre les deux plateaux - pour la même raison, elles seront fixées par 2 vis indépendantes et non par un boulon traversant

> comment réaliser la membrane thermoformée ?

Ce n'est pas très compliqué : il faut fabriquer la forme que l'on souhaite obtenir dans du bois ou de la résine de carrossier (photo ci-dessous), puis la coller sur une feuille de carton ou de contreplaqué, et enfin la percer de petits trous de Ø 1 mm

Ensuite, tout en maintenant la membrane en position (avec de l'adhésif), on la chauffe à bonne température avec un pistolet thermique.

Lorsqu'elle est assez chaude,

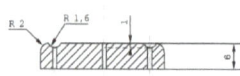

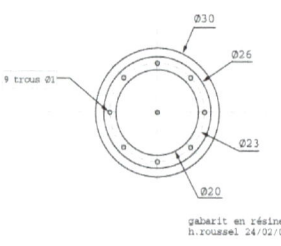

les petits plis de surface disparaissent, et il suffit alors d'aspirer par en dessous (avec un aspirateur) et de laisser refroidir le tout en continuant d'aspirer

Sur la photo les rectangles noirs sont des pastilles d'adhésif double face qui servent à maintenir la membrane en position - elles présentent le défaut de ne fonctionner qu'une ou deux fois, aussi il faut les recharger avec de la colle repositionnable entre chaque opération

Attention, cette méthode n'est valable qu'avec des membranes en vinyle (morceaux prélevés dans des gants jetables), et la forme représentée ne convient qu'aux emballages transparents de pellicules 24 x 36 (... et pas du tout aux boîtiers noirs avec bouchons gris...)

Ci-contre un gabarit amélioré dans le but de donner un peu plus de souplesse à la membrane.

L'ombre portée du pied à coulisse donne une idée de la section.

La profondeur de la gorge est à

présent de 1,5 mm et la partie centrale est en retrait de 0,5 mm par rapport à la périphérie.

> comment réalise-t-on l'équilibrage statique ?

La méthode la plus directe consiste à peser les éléments accrochés à chaque manivelle (côté déplaceur et côté piston moteur), puis à faire un rapport de bras de leviers, et compenser par des poids d'équilibrage.

Une autre méthode, qu'autorise le déphasage à 90°, c'est d'équilibrer séparément, et par tâtonnement, les deux équipages mobiles : en plaçant le piston moteur au PMH ou PMB, la tête de bielle du déplaceur se trouve sur un axe horizontal passant par l'axe du volant et l'entraîne vers le bas - il suffit alors de placer à l'opposé une petite masse qui l'équilibre dans cette position - et on recommence la manip pour la bielle moteur...

C'est d'ailleurs un bon moyen de vérification de la première méthode, pour que le volant tourne très librement...

> quel débattement la membrane moteur doit elle avoir ?

La bielle moteur ne doit pas forcer la membrane : un débattement supplémentaire de 1 mm de part et d'autre des points morts haut et bas me semble être un bon compromis.

Je procède comme ça : je déconnecte la tête de bielle et je vérifie que sous le poids de la bielle, du piston et de la membrane, l'axe de la tête de bielle descend d'environ 1 mm sous celui de la manivelle au PMB - ensuite je retourne le Stirling de 180°, je fais pivoter la manivelle pour qu'elle se positionne au PMH, et je contrôle que l'axe de la tête de bielle est de 1 mm sous l'axe de la manivelle

... je ne sais pas si j'ai été très clair... 😊

Alors pour résumer : le débattement libre de la membrane doit être supérieur à la course de la manivelle.

> **comment est réalisée l'étanchéité au niveau du guidage de l'axe du déplaceur ?**

La viscosité du film d'huile est suffisante pour assurer l'étanchéité jusqu'à une pression de l'ordre de 40 gf/cm2 - la pression courante dans un modèle 3.X ne dépasse guère 3 gf/cm2...

La méthode employée pour relever la courbe est assez rudimentaire : sur l'une des canules, on connecte le manomètre, et sur l'autre on branche un tuyau dans lequel on souffle... lorsque le film d'huile se rompt sous l'effet de la pression, on entend distinctement le bruit de petites bulles d'air qui éclatent à la surface... il suffit ensuite de maintenir la pression juste à la limite de l'apparition des bulles...

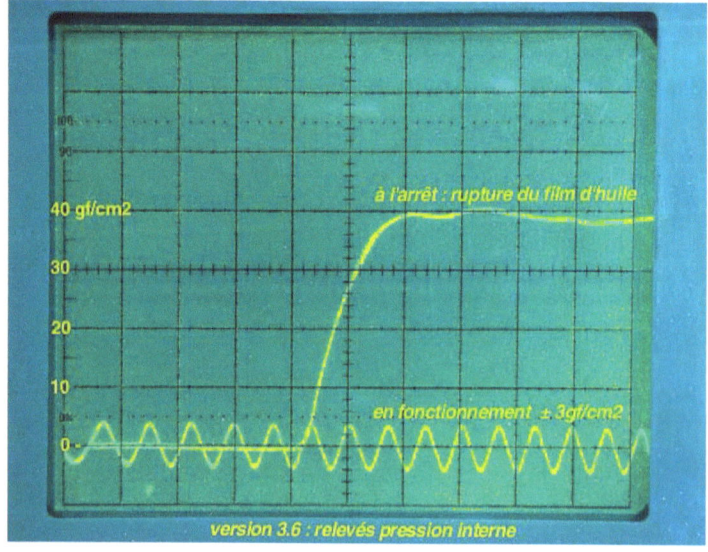

> comment fabriquer une manivelle dont la course soit réglable ?

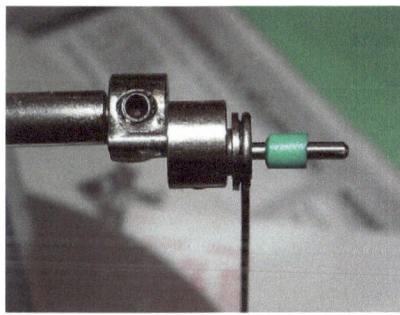

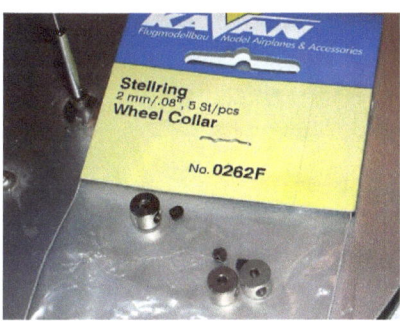

Il s'agit d'un système d'excentriques qui permet à la fois le réglage de la course, de 0 mm (peu d'intérêt) jusqu'à 15 mm, et le réglage du déphasage à un angle quelconque. Utilisé sur la version 3.7, il est réglé ici pour une course de 6 mm du piston moteur, et un déphasage de 90° - le moteur conserve ainsi les mêmes performances, quel que soit le sens de rotation, que la source de chaleur soit située d'un côté ou de l'autre...

L'ensemble est construit à partir de deux bagues d'arrêt en laiton nickelé que l'on trouve en sachet dans les boutiques de modélisme (à gauche)

Les dimensions de ces bagues sont les suivantes : Ø int 2 mm, Ø ext 7 mm, haut 5 mm - percées d'origine à un Ø 2 mm, elles permettent malgré tout d'utiliser de la CAP de Ø 1,5 mm, une fois la petite vis BTR bien serrée...

Méthode de fabrication : un morceau de CAP maintenu perpendiculairement dans le mandrin d'une perceuse à colonne, pendant qu'on le soude à l'étain, tangentiellement à la bague...

> **pouvons-nous avoir plus d'explications concernant la méthode utilisée pour établir le diagramme (p,V) ?**

(a) - pour visualiser la courbe, il faut au minimum disposer d'un oscilloscope possédant le mode XY, si possible à mémoire : sur l'entrée X on applique le signal correspondant au déplacement du piston moteur, et sur l'entrée Y celui correspondant à la pression interne du moteur.

(b) - la pression interne est convertie en tension électrique par un circuit associant un capteur de pression Motorola MPX2010DP à un amplificateur à base de lm324

Ci-dessous, deux versions possibles : la première **(1)** à alimentation unique de 10 V et résistance d'offset fournit

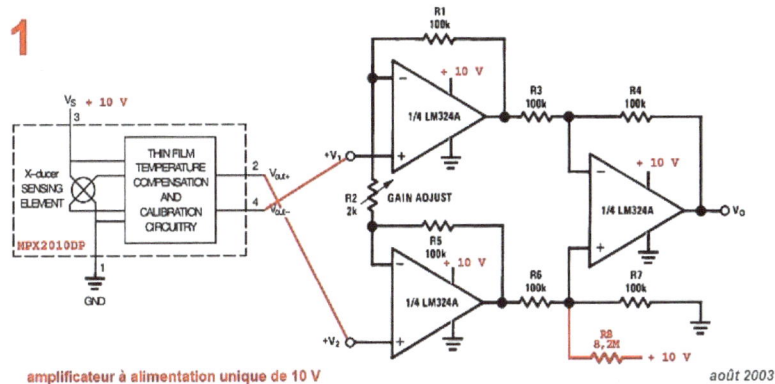

amplificateur à alimentation unique de 10 V   *août 2003*

un signal de sortie toujours positif.

La seconde **(2)**, à alimentation symétrique (+5 V et -5 V), donne un signal de sortie positif pour une pression > à la

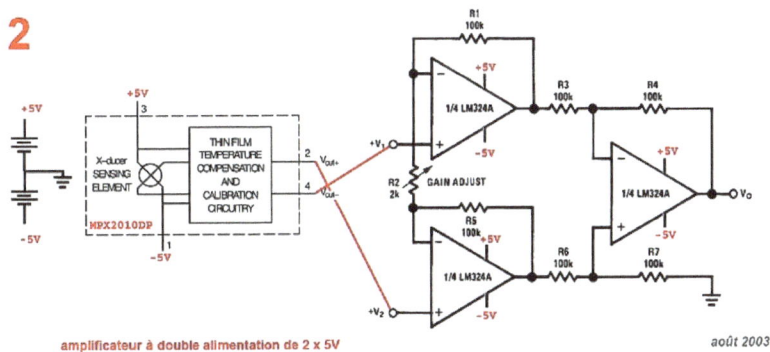

amplificateur à double alimentation de 2 x 5V   *août 2003*

pression atmosphérique, et négatif dans le cas contraire. Si vous ne disposez pas d'une alimentation symétrique, vous pouvez la remplacer par deux piles de 4,5V connectées en série. La consommation des lm324 étant faible, elles vous assureront une autonomie suffisante. Autrement, le montage à alimentation unique fonctionne correctement, mais vous serez limité à des pressions négatives de quelques gf/cm2. Enfin, vous n'aurez pas de surprise avec ces montages : les caractéristiques, tant du capteur que du lm324, étant parfaitement définies, ils devraient fonctionner immédiatement.

(c) - étant donné la faible puissance mécanique développée par ces petits moteurs, le problème qui se pose, pour mesurer le déplacement du piston moteur, est de trouver un dispositif prélevant le moins d'énergie possible. Il m'a semblé que la meilleure solution serait

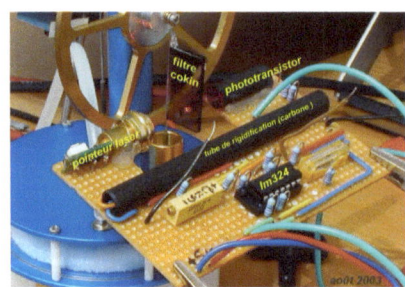

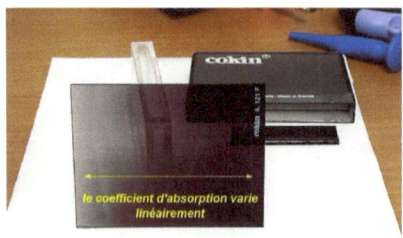

d'utiliser un système sans liaison mécanique. Un faisceau lumineux provenant d'un pointeur laser traverse un filtre optique dégradé linéairement (et fixé à la bielle moteur) dans lequel il est plus ou moins absorbé en fonction de la position du filtre. Il est ensuite converti en courant électrique par le phototransistor Q1 placé au fond d'un petit tube de carbone de Ø 8 mm x 25 mm pour éviter les lumières parasites. Le filtre (Cokin A 121 F) en résine se divise facilement en marquant le trait de coupe au cutter, puis en le cassant comme on le ferait pour une vitre.

Le schéma électrique est dérivé aussi de celui fourni dans la note technique du LM324, et ne présente pas de

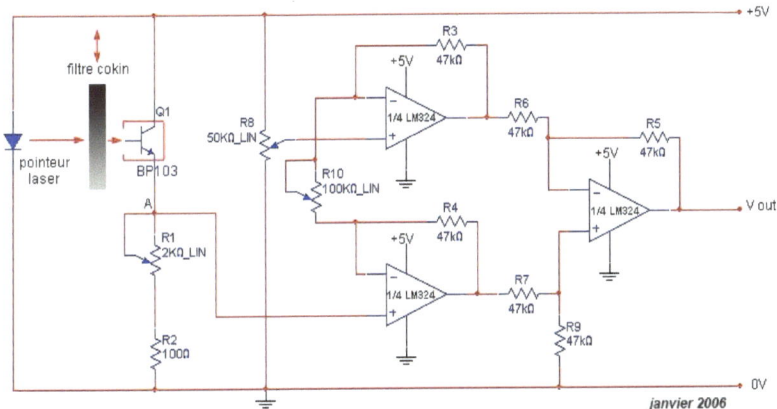

difficultés particulières. Cependant, il est possible que vous soyez amené à modifier la valeur de certains composants, par exemple la résistance variable R1, en fonction du pointeur, du filtre ou du phototransistor que vous utiliserez (le pointeur laser est un modèle courant, alimenté par 3 piles boutons, et qui s'accommode d'être connecté en 5V).

- R1 est réglée de façon à avoir 2,5 V au point A, le piston moteur étant au milieu de sa course entre le PMH et le PMB, le faisceau laser passant au centre du filtre orienté avec sa partie la plus foncée vers le haut. En fonction des composants utilisés et des possibilités de votre oscilloscope, vous pourrez éventuellement visualiser le signal directement au point A, sinon utilisez la sortie Vout. La résistance variable R1 n'apparaît pas sur la photo en haut, elle était alors remplacée par une résistance fixe.

- R8 sert à régler l'offset du signal de sortie et peut être positionnée à mi-course dans un premier temps.

- R10 définit le gain de l'ampli. Pour un gain de 1 : R10 = 100 Kohms, pour un gain de 10 : R10 = 10 Kohms, etc., selon la formule de la note technique.

Une autre méthode consiste à mesurer, avec un **capteur à effet Hall type UGN3503**, l'intensité du champ magnétique produit par un aimant permanent en fonction de sa distance.

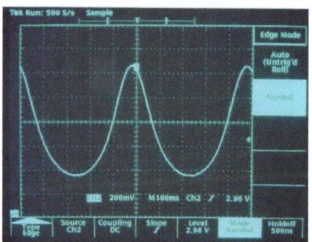

La fonction est loin d'être linéaire, peut-être du genre $1/r^2$ dans l'axe NS de l'aimant, et le signal obtenu est fortement déformé.

En utilisant cet amplificateur logarithmique rudimentaire, après avoir défini la distance de mesure et effectué le réglage de linéarité avec la résistance de 100 kΩ, on obtient un signal acceptable.

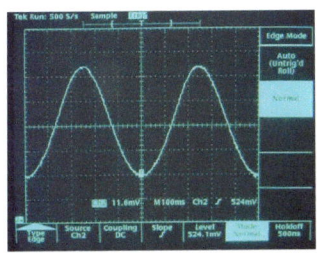

L'avantage de ce dispositif très compact, c'est qu'il peut être rendu solidaire du moteur. Les mesures restent ainsi possibles à vitesses "élevées", même si le moteur est sujet à des vibrations. C'est plus difficile avec le dispositif à diode laser.

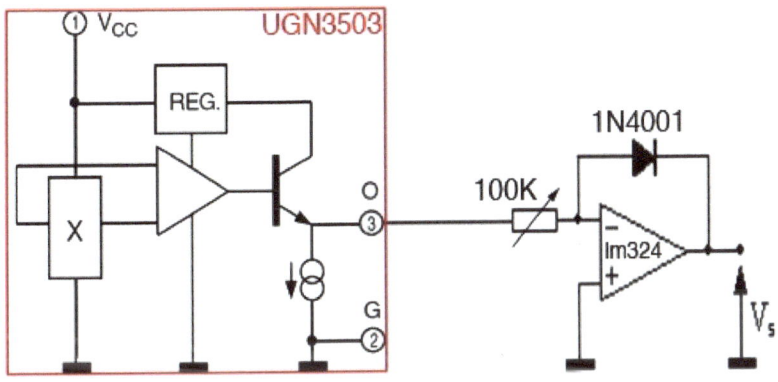

schéma de l'amplificateur logarithmique

> comment fonctionne la soupape de décharge du moteur 3.5 et comment la réaliser ?

La soupape de décharge est constituée simplement d'un rivet tubulaire Ø 3 x 9 mm, percé à son extrémité, et sur lequel est collée partiellement une membrane souple.

La membrane rouge que l'on voit sur le rivet de droite est en latex de 0,2 mm et provient d'un ballon de baudruche. Les membranes transparentes qui équipent les deux rivets de gauche sont en vinyle d'épaisseur 0,08 mm et sont tirées d'un gant jetable.

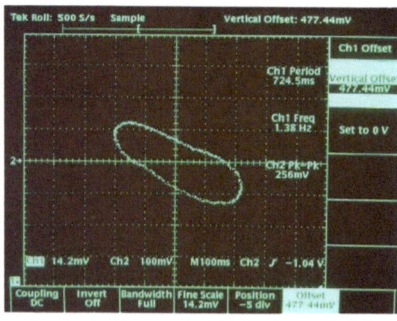

Ce diagramme (p,V) a été relevé sur le moteur Stirling 3.6 sans soupape de décharge : la courbe est sensiblement équilibrée de part et d'autre de la pression atmosphérique (axe des X au centre, 2 gf/cm2 par division).

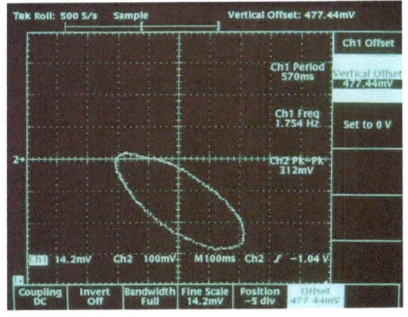

Le moteur est équipé ici de la soupape de décharge avec une membrane en vinyle ep 0,08 mm : la courbe se situe presque entièrement dans le domaine des pressions négatives, ce qui a pour effet de maintenir la membrane constamment en tension. Le rendement s'en trouve amélioré, ce que confirme la surface du diagramme (p,V) en augmentation de 30 % et le gain de vitesse de 21 %.

En contrepartie, le dispositif présente un inconvénient : le fonctionnement du moteur à une pression moyenne négative d'environ - 3 gf/cm2 provoque un effet de succion sur le piston moteur qui perturbe l'équilibrage et ne favorise pas les faibles vitesses de rotation...

82

Téléchargements

En complément à ce manuel, vous trouverez sur le site http://www.photology.fr, dans la rubrique « boutique », divers fichiers à télécharger gratuitement : modélisation de moteurs en 3D, schémas et typons de circuits de mesure

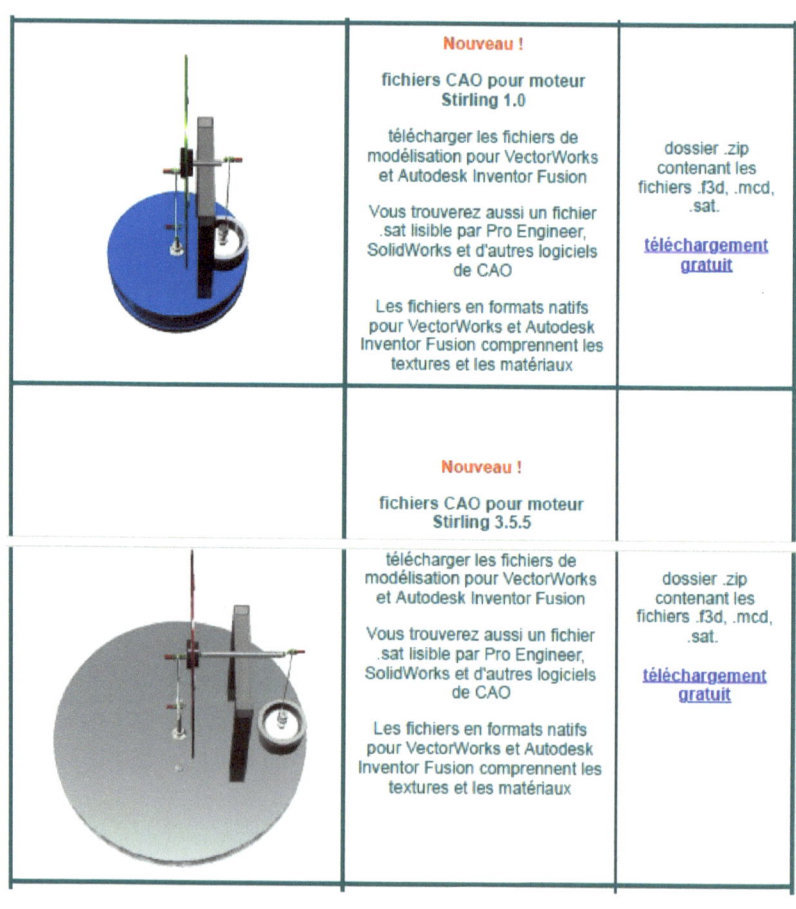

	Nouveau ! fichiers CAO pour moteur **Stirling 1.0** télécharger les fichiers de modélisation pour VectorWorks et Autodesk Inventor Fusion Vous trouverez aussi un fichier .sat lisible par Pro Engineer, SolidWorks et d'autres logiciels de CAO Les fichiers en formats natifs pour VectorWorks et Autodesk Inventor Fusion comprennent les textures et les matériaux	dossier .zip contenant les fichiers .f3d, .mcd, .sat. téléchargement gratuit
	Nouveau ! fichiers CAO pour moteur **Stirling 3.5.5** télécharger les fichiers de modélisation pour VectorWorks et Autodesk Inventor Fusion Vous trouverez aussi un fichier .sat lisible par Pro Engineer, SolidWorks et d'autres logiciels de CAO Les fichiers en formats natifs pour VectorWorks et Autodesk Inventor Fusion comprennent les textures et les matériaux	dossier .zip contenant les fichiers .f3d, .mcd, .sat. téléchargement gratuit

Mesures de pression

module servant à mesurer la pression interne (± 2 kPa) de votre moteur Stirling afin de détecter les fuites, relever le diagramme (p,V), etc.

le circuit multiplie par 400 le signal sortant du capteur de pression MPX2010DP (2,5 mV / kPa) ce qui permet de visualiser la courbe sur l'oscilloscope dans de meilleures conditions - la tension de sortie est alors de 100mV pour 1gf/cm2 (env 1 V / kPa) - ajustage possible du gain et de l'offset.

dossier complet permettant la réalisation du cicuit avec schéma, nomenclature des composants, typon pour graver le CI.

téléchargement gratuit

Mesures de déplacement

module destiné à mesurer **sans contact** le déplacement du piston de votre moteur Stirling, par exemple pour relever le diagramme (p,V)

l'ensemble est constitué d'un aimant au Néodyme et d'un capteur à effet Hall type UGN3503 associé à un amplificateur logarithmique - le signal de sortie (66 mV / mm) est relativement linéaire sur une plage de 6 mm, ce qui correspond à la course maximale des moteurs présentés ici

dossier complet permettant la réalisation du cicuit avec schéma, nomenclature des composants, typons pour graver les 2 CI.

téléchargement gratuit

Mesures combinées pression/déplacement
Tracé du diagramme (p,V)

module regroupant les deux modules précédents sur une même platine

il suffit de connecter le tuyau à la canule fixée sur l'un des plateaux, puis de positionner la sonde à proximité de l'aimant collé sur la bielle moteur, pour mesurer sur un oscilloscope numérique à 2 voies l'énergie mécanique délivrée par votre moteur Stirling à faible gradient de température (1)

(1) course maxi du piston = 6 mm, pression comprise entre ± 2 kPa

dossier complet permettant la réalisation du cicuit avec schéma, nomenclature des composants, typons pour graver les 2 CI.

téléchargement gratuit

Bibliographie

Je ne citerai qu'un ouvrage : "An Introduction to Low Temperature Differential Stirling Engine", par James R. Senft, 1996, Moriya Press

Conclusion

La réalisation de quelques-uns de ces petits moteurs permet de toucher du doigt le phénomène de conversion d'énergie, puisque en partant de l'énergie rayonnante du soleil, transformée ensuite en énergie thermique, puis en énergie mécanique, enfin en énergie électrique et tout au bout à nouveau en lumière, ces moteurs réussissent à boucler la boucle de la conversion d'énergie. L'énergie chimique n'apparaît ici qu'au niveau de la chaleur produite par la main, ce sont donc des moteurs parfaitement écologiques .

En allant sur le site http://www.photology.fr, vous trouverez d'autres réalisations de moteurs Stirling, ainsi que des vidéos des différents modèles présentés ici.

N'hésitez pas à me contacter par mail en cliquant sur la petite enveloppe, à gauche sur chaque page du site.

Hubert Roussel - février 2016

www.ingramcontent.com/pod-product-compliance
Lightning Source LLC
Chambersburg PA
CBHW040905180526
45159CB00010BA/2931